Sobhan Ghafourian

Caractérisation moléculaire des isolats de Klebsiella SPP produisant l'ESBL

Sobhan Ghafourian

Caractérisation moléculaire des isolats de Klebsiella SPP produisant l'ESBL

ESBLs, Klebsiella spp, Iran

ScienciaScripts

Imprint
Any brand names and product names mentioned in this book are subject to trademark, brand or patent protection and are trademarks or registered trademarks of their respective holders. The use of brand names, product names, common names, trade names, product descriptions etc. even without a particular marking in this work is in no way to be construed to mean that such names may be regarded as unrestricted in respect of trademark and brand protection legislation and could thus be used by anyone.

Cover image: www.ingimage.com

This book is a translation from the original published under ISBN 978-3-8443-1731-2.

Publisher:
Sciencia Scripts
is a trademark of
International Book Market Service Ltd., member of OmniScriptum Publishing Group
17 Meldrum Street, Beau Bassin 71504, Mauritius
Printed at: see last page
ISBN: 978-620-2-98924-4

Table des matières

Caractérisation moléculaire de l'ESBL produisant les *grands* species isolated from several
hôpitaux de *Klebsiella* species isolated from several
en Iran

Résumé :

L'objectif de cette étude était d'examiner l'épidémiologie moléculaire des *Klebsiella spp* produisant des ESBL dans plusieurs grands hôpitaux en Iran, de déterminer la prévalence du blaTEM, du SHV et du CTX-M responsables de la production d'ESBL parmi les *Klebsiella spp* produisant des ESBL au cours des différentes saisons en Iran, étudier la sensibilité des *Klebsiellae spp* produisant des ESBL aux antibiotiques non bêta-lactamines au cours des différentes saisons, identifier les différents types clonaux de *Klebsiellae pneumoniae* produisant des ESBL à l'hôpital de Milad et détecter les types clonaux d'ESBL dominants. Six cent sept *Klebsiella spp ont* été identifiés entre mars 2007 et avril 2008 dans cinq hôpitaux de trois villes (Ilam, Tabriz et Téhéran) en Iran. Les souches ont été isolées à partir d'infections des voies urinaires, des unités de soins intensifs, des salles de chirurgie, d'infections de lésions et d'infections des voies respiratoires. Les ESBL ont été identifiées par des méthodes phénotypiques et génotypiques. Les *Klebsiella spp* produisant des ESBL ont été évaluées par rapport à des antibiotiques non bêta-lactamines. *Sur* les 607 Klebsiella *spp* isolées dans les cinq hôpitaux, 34,26 %, 16,96 % et 43,65 % de *K. pneumoniae ont été* obtenues dans les hôpitaux Ilam, Emam Reza et Milad, respectivement. En outre, 1,98%, 0,66% et 2,47% de Klebsiella *oxytoca ont* également été obtenus dans les hôpitaux Ilam, Emam Reza et Milad, respectivement. Nos conclusions ont révélé que 36,5 %, 51,7 % et 45,6 % des *K.pneumoniae* produisaient des ESBL dans les hôpitaux d'Ilam, de Milad et d'Emam Reza, respectivement. Quant à *K.oxytoca,* il a montré que 25%, 73,3% et 75% des isolats étaient positifs pour la production d'ESBL. Une résistance aux antibiotiques non bêta-lactamines chez *K. oxytoca* vient d'être observée à l'hôpital de Milad et a été trouvée dans le cotrimoxazol et l'amikacine. Dans les hôpitaux Ilam, sur les soixante-seize *K.pneumoniae* produisant des ESBL à l'hôpital Milad, 35,8%, 21,2% et 38,7% d'entre eux étaient résistants à l'amikacine, la ciprofloxacine et le cotrimoxazol, respectivement. À l'hôpital Emam Reza, 21,2 %, 4,25 %, 21,2 % et 0 % des ESBL productrices de *K.pneumoniae* présentaient une résistance à l'amikacine, à la ciprofloxacine, au cotrimoxazol et à l'imipenem, respectivement. Dans tous les cas de *K.oxytoca, le* blaSHV était responsable de la production d'ESBL.35 blaTEM, 218 blaSHV et 56 blaCTX- 17 | Page

M étaient responsables de la production d'ESBL dans *K.pneumonae*. *Sur la* base des variations nucléotidiques des cinq loci génétiques, vingt-cinq ST différents ont pu être identifiés parmi les trente isolats de *K.pneumoniae* produisant des ESBL. Les plus fréquemment rencontrés étaient ST14 (quatre isolats), ST16 (deux isolats), ST18 (deux isolats). Six complexes coloniaux ont également été identifiés. Notre étude, menée en différentes saisons et sur différentes infections, est la première du genre au monde. Nos résultats ont montré que la production la plus élevée d'ESBL se produisait dans le *K.oxytoca* isolé chez les patients de l'hôpital Emam Reza à Tabriz et la fréquence la plus faible de *K.oxytoca* observée dans les hôpitaux d'Ilam. Les productions d'ESBL ont été largement observées dans le K.*pneumoniae* (36,5%) dans les hôpitaux d'Ilam, tandis que dans les hôpitaux de Milad et de Tabriz, le pourcentage de *K.oxytoca* était supérieur à celui de K.*pneumoniae*. La prévalence de la production d'ESBL par *K.pneumoniae dans* l'hôpital de Milad était dominante (51,7 %), suivie par l'hôpital Emam Reza à Tabriz (45,6 %).

Mots clés : ESBLs, *Klebsiella spp,* **Iran**

L'introduction de la troisième génération de céphalosporines dans la pratique clinique au début des années 80 a été saluée comme une avancée majeure dans la lutte contre la résistance des bactéries aux antibiotiques médiée par la bêta-lactamase. Ces céphalosporines ont été développées en réponse à la prévalence accrue des bêta-lactamases dans certains organismes (par exemple, les bêta-lactamases TEM-1 et SHV-1 hydrolysant l'ampicilline chez *E.coli* et *K. pneumoniae) ainsi qu'à* la propagation de ces bêta-lactamases dans de nouveaux hôtes (par exemple, *Haemophilus influenzae* et *Neisseria gonorrhoeae).* Not only were the third-generation of cephalosporins effective against most of the beta-lactamase- producing organisms, but they had the major advantage of lessened nephrotoxic effects compared to aminoglycosides and polymyxins. The first report of plasmid-encoded beta-lactamases capable of hydrolyzing the extended-spectrum cephalosporins was published in 1983 (Knothe, et al., 1983). The gene encoding the betaLa lactamase a montré une mutation d'un seul nucelotide par rapport au gène codant pour le SHV-1. D'autres bêta-lactamases TEM-1 et TEM-2 étroitement apparentées, résistantes aux céphalosporines à spectre étendu, ont été rapidement découvertes (Sirot, et al., 1987 et Brun-Buisson et al., 1987). Cependant, ces nouvelles bêta-lactamases ont été appelées ESBL. Le nombre total d'ESBL caractérisées dépasse actuellement les deux cents. Ces ESBL sont décrites en détail sur les sites web de nomenclature des ESBL faisant autorité, hébergés par George Jacoby et Karen Bush à l'adresse suivante *URL http://www.lahey.org/studies/webt.htm*

Jusqu'à présent, les recherches publiées sur les ESBL proviennent de plus de trente pays différents, un fait qui reflète la distribution véritablement mondiale des organismes producteurs d'ESBL. Les ESBL sont connues sous le nom de spectre étendu car elles sont capables d'hydrolyser un spectre plus large d'antibiotiques bêta-lactamines que les simples bêta-lactamases parentales dont elles sont dérivées. Ces BLSE ont également la capacité d'inactiver les antibiotiques bêta-lactamines contenant un groupe oxyimino comme les oxyiminocéphalosporines (par exemple, ceftazidime, ceftriaxone, céfotaxime) ainsi que l'oxyimino-monobactam (Bradford et al., 2001 et Paterson et al., 2005). En outre, ils ne sont pas actifs contre les céphamycines et les carbapénèmes. En général, ils sont inhibés par les inhibiteurs de la bêta-lactamase tels que le clavulanate et le tazobactam. Les ESBL ont été trouvées dans une large gamme de bâtonnets Gram-négatifs. Cependant, la grande majorité des souches exprimant ces enzymes appartiennent à la famille des *Enterobacteriaceae* (Bradford et al., 2001). *K.pneumoniae* reste le principal producteur d'ESBL (Winokur et al., 2000).

Les ESBL sont devenues plus fréquentes chez les espèces ayant des bêta-lactamases AmpC inductibles (Levison et al., 2002). Les ESBL non *entérobactériacées* sont relativement rares, *Pseudomonae aeruginosa* étant considéré comme l'organisme le plus important (Nordmann et al., 1998). Les enzymes démontrent une activité ESBL avec une diversité substantielle en termes de structure et d'origine évolutive (Gniadkowski et al., 2001 et Bush et al., 2001). Le TEM-1 est la bêta-lactamase la plus fréquemment signalée chez les bactéries Gram-négatives. Environ 90% de la résistance à l'ampicilline chez *E.coli* est due à la production de TEM-1 (Livermore et al., 1995). Le TEM-1 est capable d'hydrolyser la pénicilline et la céphalosporine de première génération. TEM-2, le premier dérivé de TEM- 1, a une seule substitution d'acide aminé par rapport à la bêta-lactamase originale (Du Bois et al., 1995).

Un certain nombre de résidus d'acides aminés sont spécifiquement importants pour la production du phénotype ESBL lorsque des substitutions se produisent à cette position. Ils comprennent le glutamate en lysine en position cent quatre, l'arginine en sérine ou histidine en position cent soixante quatre, la glycine en sérine en position deux cent trente huit et le glutamate en lysine en position deux cent quarante. La bêta-lactamase SHV-1 est le plus souvent présente dans

K.pneumoniae et est responsable de jusqu'à 20% de la résistance à l'ampicilline médiée par les plasmides chez cette espèce. Les changements observés sont que les variantes du SHV se produisent dans un nombre plus restreint de positions du gène structurel. On constate que les substitutions d'acides aminés affectent les structures et les activités enzymatiques de différentes manières (Bradford et al., 2001).

These substitutions within TEM, SHV and OXA enzymes occur in a limited number of positions. The combination of such amino acid changes have caused various subtle alterations in the ESBL phenotype, such as its ability to hydrolyze specific oxyimino-cephalosporins or changes in its isoelectric points, of which the most important are the spectrum-extending mutations that result in the expansion of the active site, which allows increased activity against expanded spectrum cephalosporins and may lead to increased susceptibility to betalactamase inhibitors (Winokur et al., 2000 and Jacoby et al., 1991). The selection pressure that drives the emergence of ESBLs has usually been attributed to the intense use of oxyimino-beta lactams, mainly the third-generation of cephalosporins (Rasheed et al., 1997 and Medeiros et al., 1997). However, the constant or fluctuating pressure of various betaOn sait depuis peu que les antibiotiques lactames, y compris divers composés oxyimino, ainsi que les crayons et les céphalosporines de première génération, ont une incidence sur la variation de la BLSE (Blazquez *et al.*, 2000).

La sélection d'une variance enzymatique particulière dans un centre donné a souvent été attribuée au profil spécifique de l'utilisation des antibiotiques, mais une telle corrélation n'a pas toujours été établie (Palucha et al., 1994). La forte pression sélective pour l'utilisation de bêta-lactamines exercée sur les souches productrices de BLSE peut conduire à la sélection de souches qui hyperproduisent des BLSE, à l'émergence de souches exprimant différents types de BLSE, à la sélection d'enzymes mutantes complexes avec un phénotype résistant aux inhibiteurs ou une altération des pores qui conduisent au développement d'une résistance aux céphamycines et autres antimicrobiens (Bradford et al., 1994 ; Pangon et al., 1984 et Sirot et al., 1994).

Les plasmides qui abritent des gènes codant pour les ESBL contiennent fréquemment d'autres gènes codant pour des mécanismes de résistance à l'aminoglycoside et au cotrimoxazole (Villa et al., 2000). La résistance à la quinolone est fréquemment trouvée dans les souches productrices d'ESBL, bien que le mécanisme de la corésistance ne soit pas clair (Paterson et al., 2000). Les ESBL sont cliniquement importantes parce qu'elles détruisent les céphalosporines, des antibiotiques hospitaliers très efficaces, administrés en première ligne à de nombreux patients gravement malades. La reconnaissance tardive et le traitement inapproprié des infections graves causées par les producteurs d'ESBL avec des céphalosporines ont été associés à une mortalité accrue. Comme les souches productrices d'ESBL présentent souvent une multirésistance aux médicaments, y compris une résistance aux amino glycosides et aux fluoroquinolones, les options thérapeutiques associées à ces souches sont limitées. Les infections dues aux souches productrices d'ESBL sont fréquemment associées à une augmentation de la morbidité, de la mortalité et des coûts liés aux soins de santé. Il est important d'étudier la prévalence de *Klebsiella* spp en Iran, un pays à quatre saisons. Les *Klebsiella spp* sont fréquemment isolées pendant la saison hivernale et sont responsables de la majorité des infections nosocomiales.

Les objectifs de cette étude étaient les suivants :

Objectif général :

Examiner l'épidémiologie moléculaire de *Klebsiella spp* produisant des ESBL dans plusieurs grands hôpitaux en Iran

Objectifs spécifiques :

1. Déterminer la prévalence de blaTEM, SHV et CTX-M responsables de la production d'ESBL parmi les *Klebsiellae spp* productrices d'ESBL au cours des différentes saisons en Iran,

2. Étudier la sensibilité des *Klebsiellae spp* produisant des ESBL aux antibiotiques non bêta-lactamines au cours des différentes saisons.

3. Identifier les différents types clonaux de *Klebsiellae pneumoniae* produisant des ESBL à l'hôpital de Milad.

4. Pour détecter les types clonaux dominants de l'ESBL.

CHAPITRE 2

ANALYSE DE LA LITTÉRATURE

2.1 Classification des bêta-lactamases

There have been a number of schemes for the classification of beta-lactamases, of which the most often used is the one developed by Bush, Jacoby and Medeiros (Bush et al., 1995). This scheme, which is probably the most recent and complete, attempts to combine the elements of previous schemes and correlate it with molecular structure. According to this scheme, betaLes lactamases sont divisées en quatre groupes. Un schéma antérieur proposé par Ambler (Ambler et al., 1991) est également largement utilisé. Ces deux schémas sont présentés dans le tableau 2.1.

Tableau 2.1 Classification des bêta-lactamases

Ambler Classe	Bush Groupe	Caractéristiques des bêta-lactamases	Nombre de enzymes
C	1	Souvent des enzymes chromosomiques dans les gram-négatifs, mais certaines sont codées en Plasmide. Non inhibée par l'acide clavulanique.	51
A	2a	Pénicillinases staphylococciques et entérocoques	23
	2b	Bétalactamases à large spectre, y compris TEM-1 et SHV-1, principalement présentes dans les gram-négatifs	16
	2be	Bétalactamases à spectre étendu (ESBL)	200

	2br	Bétalactamases TEM résistantes aux inhibiteurs (IRT)	24
	2c	Enzymes hydrolysant la carbénicilline	19
	2d	Cloxacilline (oxacilline) enzymes hydrolysantes	31
	2e	Céphalosporinases inhibées par l'acide clavulanique	20
	2f	Enzyme d'hydrolyse du carbapénème inhibée par l'acide clavulanique	4
B	3	Métallo-enzymes qui hydrolysent les carbapénèmes et autres bêtalactames, à l'exception des monobactames. Non inhibée par l'acide clavulanique	24
D	4	Diverses enzymes qui n'entrent pas dans d'autres groupes	9

2.1.1 (also known as AmpC enzymes) are intrinsically resistant to betalactamase inhibitors and mostly coded by chromosomal genes (Minami et al., 1980 and Shannon et al., 1986). When chromosomally coded, the enzymes are inducible, the level of production increases many times when the bacteria is exposed to certain betalactam antibiotics. Beta-lactam antibiotics differ in their potentials to induce betaProduction de **bêta-lactamases** (also known as AmpC enzymes) are intrinsically resistant to betalactamase inhibitors and mostly coded by chromosomal genes (Minami et al., 1980 and Shannon et al., 1986). When chromosomally coded, the enzymes are inducible, the level of production increases many times when the bacteria is exposed to certain betalactam antibiotics. Beta-lactam antibiotics differ in their potentials to induce betalactamase du **groupe 1 (classe C d'Ambler). Les** (also known as AmpC enzymes) are intrinsically resistant to betalactamase inhibitors and mostly coded by chromosomal genes (Minami et al., 1980 and Shannon et al., 1986). When chromosomally coded, the enzymes are inducible, the level of production increases many times when the bacteria is exposed to certain betalactam antibiotics. Beta-lactam antibiotics differ in their potentials to induce betaenzymes du groupe 1 se trouvent principalement dans les *Enterobacter* spp., *Serratia spp*, *Citrobacter spp.* et *P.aeruginosa.* Certaines de ces enzymes chromosomiques se sont également transformées en plasmides dans des souches cliniques d'*E. coli* et de *Klebsiella* spp (Sanders et al., 1992). Les bactéries produisant des bêta-lactamases du groupe I sont résistantes aux combinaisons bêta-lactame/inhibiteur de bêta-lactamase, aux pénicillines, aux céphamycines ainsi qu'aux céphalosporines de 1ère, 2ème et 3ème générations. Elles restent sensibles au céfépime et aux carbapénèmes (Sanders et al., 1996).

2.1.2 Les **enzymes du groupe 2 (classe A d'Ambler)** (Thomson et al., 1996) sont médiées par des plasmides. Comme les gènes codant pour les enzymes résident sur des plasmides, qui sont facilement transférables d'une cellule bactérienne à une autre, la résistance due à ces enzymes pourrait facilement se propager. Les inhibiteurs de la bétalactamase tels que l'acide clavulanique, le sulbactam et le tazobactam inhibent les enzymes originales du groupe 2. Les enzymes du groupe 2 comprennent les enzymes TEM et les enzymes SHV couramment rencontrées.TEM-1 a été découvert dans les entérobactéries en 1965, mais s'est ensuite propagé à *Haemophilus, Neisseri.Vibrio* spp SHV-1 a été découvert en 1979 et est couramment présent dans les *Klebsiella* spp (De Champs et al., 1991).

 generation cephalosporins unfortunately mutated to forms of enzymes capable of destroying monobactams and the third-generation of cephalosporins (the extended spectrum betalactamases or ESBLs) (Sirot et al., 1994) and enzymes resistant to betaLes premières enzymes du groupe 2 (les céphalosporines de ^{2ème} et ^{3ème} générations étaient stables) ont hydrolysé les generation cephalosporins unfortunately mutated to forms of enzymes capable of destroying monobactams and the third-generation of cephalosporins (the extended spectrum betalactamases or ESBLs) (Sirot et al., 1994) and enzymes resistant to betainhibiteurs de l'ampicilline et de la $^{1ère\ lactamase\ (les}$ generation cephalosporins unfortunately mutated to forms of enzymes capable of destroying monobactams and the third-generation of cephalosporins (the extended spectrum betalactamases or ESBLs) (Sirot et al., 1994) and enzymes resistant to betabétalactamases TEM résistantes aux inhibiteurs ou IRT) (Livermore et al., 1995).

2.1.3 Les **enzymes du groupe 3 (classe B d'Ambler)** sont des métallo-enzymes capables de détruire les carbapénèmes (Burn-Buisson et al., 1987). Ces enzymes sont présentes dans certaines bactéries, notamment : *P. aeruginosa, Bacteroides fragilis* et *Stenotrophomonas maltophilia.*

2.1.4 Les bêta-lactamases du groupe 4 sont peu fréquentes.

2.2 TYPES ESBL

2.2.1 TEM-bêta-lactamases :

Les ESBL de type TEM sont des dérivés de TEM-1 et TEM-2. Des *K. pneumoniaelactamases* isolates detected in France as early as 1984. They were found to harbor a novel plasmid-mediated betalactamases originally named CTX-1, because of its enhanced activity against cefotaxime (Burn-Buisson et al., 1987). This enzyme, now termed as TEM-3, differs from TEM-2 by two amino acid substitutions (Sougakoff et al., 1988). More than one hundred TEM-type betaont été identifiées, dont la majorité sont des ESBL. Certains mutants des bêta-lactamases TEM, qui conservent la capacité d'hydrolyser les céphalosporines de troisième génération mais présentent une résistance aux inhibiteurs, sont en cours de découverte. On les appelle des mutants complexes de TEM (CMT-1 à 4) (Poirl et al., 2004). Bien que les ESBL de type TEM se retrouvent le plus souvent chez *E.coli* et *K.pneumoniae, les* they are found in other species of Grambactéries négatives aussi, avec une fréquence croissante (Livermore et al., 1995). Des ESBL de type TEM ont été signalées dans d'autres genres d'*Enterobacteriaceae* tels que

Enterobacter aerogenes, Enterobacter cloacae, Morganella morganii, Proteus mirabilis et *Salmonella* spp (Marchandin et al., 1999 et Morosini et al., 1995). En outre, des ESBL de type TEM ont également été trouvées dans des bactéries Gram-négatives *non-Enterobacteriaceae, par exemple Pseudomonas aeruginosa* (Nordmann et al., 1999).

2.2.2 SHV-bêta-lactamases :

Les ESBL de type SHV peuvent être trouvées dans des isolats cliniques plus fréquemment que tout autre type d'ESBL (Jacoby et al., 1997). Contrairement aux bêta-lactamases de type TEM, il existe relativement peu de dérivés du SHV-1. La majorité des variants du SHV possédant un phénotype ESBL sont caractérisés par la substitution de la sérine à la glycine en position 238. Cependant, certains ont une substitution de la lysine pour le glutamate en position 240. Le résidu de sérine en position 238 est essentiel pour l'hydrolyse efficace de la ceftazidime et le résidu de lysine est essentiel pour l'hydrolyse efficace de la cefotaxime (Huletsky et al., 1993). Plus de cinquante variétés de blaSHV sont décrites dans le monde entier (Prinarakis et al., 1997). Des ESBL de type blaSHV ont été détectées dans une large gamme d'*Enterobacteriaceae* (Prinarakis et al., 1997 et Harrif-Heraud et al., 1997). Des foyers de SHV produisant *P.aeruginosa* et *Acinetobacter* spp ont été signalés (Poirel et al., 2004 et Huang et al., 2004).

2.2.3 CTX-M et Toho-bêta-lactamases :

CTX-M has recently been described a member of the ESBLs family (Tzouvelekis et al., 2000). The term CTX-M reflects the potent hydrolytic activity of these beta-lactamases against cefotaxime (Bonnet et al., 2004). These enzymes hydrolyze cephalothin better than benzylpenicillin and preferentially hydrolyze cefotaxime over ceftazidime. While ceftazidime MICs are usually in the apparently susceptible range, some of the CTX-M- type betales lactamases confèrent une résistance à ce médicament (Poirel et al., 2002). On a constaté que les CMI de l'aztréonam sont variables. Les bêta-lactamases de type CTX-M hydrolysent le céfipime avec une grande efficacité (Tzouvelekis et al., 2000). Elles sont mieux inhibées par le tazobactam, un inhibiteur de la bêta-lactamase, que par le sulbactam et le clavulanate (Bush et al., 1993). Au lieu d'évoluer par mutation, ils représentent des exemples d'acquisition plasmidique de gènes de bêta-lactamase que l'on trouve normalement sur le chromosome des *espèces de Kluyvera* (Radice et al., 2002). Les CTX- M-ESBL se trouvaient principalement dans trois zones géographiques : l'Amérique du Sud, l'Extrême-Orient et l'Europe de l'Est (Tzouvelekis et al., 2000, Cao et al 2002). Cependant, ces dernières années, des ESBL de type CTX-M ont également été signalées en Europe occidentale, en Amérique du Nord, en Chine, au Japon et en Inde. (Babini et al., 2000). Les bêta-lactamases de type CTX-M sont peut-être le type de BLSE le plus fréquent dans le monde. Le nombre de bêta-lactamases de type CTX-M augmente rapidement. Plus de quarante variantes de CTX-M sont actuellement connues (Tzouvelekis et al., 2000). Ils ont été trouvés dans différentes *entérobactéries,* y compris *Salmonella spp* (Bradford et al., 1998). Toho-1 et Toho-2 sont des bêta-lactamases structurellement apparentées aux bêta-lactamases de type CTX-M, avec une activité hydrolytique similaire contre le céfotaxime (Toho fait référence à la Toho-University School of Medicine, Omari Hospital à Tokyo, où un enfant infecté par *Escherichia coli* producteur de Toho-1 bêta-lactamase a été hospitalisé) (Ishii et al., 1995).

2.3 Epidémiologie des ESBL

2.3.1 Europe :

Les organismes producteurs d'ESBL ont été détectés pour la première fois en Europe. Bien que les premiers rapports aient été faits en Allemagne (Knothe et al., 1983) et en Angleterre (Du Bois et al., 1995), la grande majorité des rapports ont été faits en France au cours de la première décennie après la découverte des ESBL (Philippon et al., 1989 et Sirot et al., 1987). La première grande épidémie en France s'est produite en 1986, lorsque 54 patients admis dans trois unités de soins intensifs ont été infectés et que l'infection s'est propagée à quatre autres services (Brun-Buisson et al., 1987). La prolifération des ESBL a été assez spectaculaire en France. Au début des années 1990, 25 à 35 % des isolats de *K.pneumoniae* acquis par voie nosocomiale produisaient des ESBL en France (Marty et al., 1998). Cependant, ces dernières années, l'augmentation des interventions de contrôle des infections s'est accompagnée d'une diminution de l'incidence de *K. pneumoniae* produisant des ESBL (Albertini et al., 2002). Dans le nord de la France, la proportion d'isolats de *K. pneumoniae,* qui produisaient des ESBL, est passée de 19,7 % en 1996 à 7,9 % en 2000 (Lucet et al., 1999). Il est également important de noter que si la proportion d'isolats de *K. pneumoniae produisant des ESBL a* diminué dans certaines parties de l'Europe occidentale, une augmentation significative a eu lieu en Europe de l'Est (Sekowska et al., 2002). Lors d'une enquête menée en 1997-1998 sur 433 isolats provenant de 24 unités de soins intensifs en Europe occidentale et méridionale, 25 % des *Klebsiella spp se sont* révélés produire des ESBL. Le même groupe a réalisé une étude similaire en 1994. La proportion globale de *Klebsiella spp* produisant des ESBL n'a pas différé de manière significative entre les deux périodes. Cependant, le pourcentage dans les unités de soins intensifs, dont *il* a été prouvé qu'ils produisaient des ESBL, a augmenté de manière significative, passant de 74% à 90% (Babini et al., 2000). Dans une autre grande étude portant sur plus de cent unités de soins intensifs européennes, il a été constaté que la prévalence des ESBL dans les *Klebsiella* spp allait de 3 % en Suède à 34 % au Portugal (Hanberger et al., 1999). Une troisième étude portant sur des isolats d'unités de soins intensifs et non intensifs provenant de vingt-cinq hôpitaux européens a révélé que 21 % des isolats de *K. pneumoniae* présentaient une sensibilité réduite à la ceftazidime (ce qui indique généralement une production de BLSE, bien qu'il soit allégué que d'autres mécanismes de résistance peuvent en être responsables) (Fluit et al., 2000). En Turquie, une étude sur les *Klebsiella* spp. provenant des unités de soins intensifs de huit hôpitaux a montré que 58% des cent quatre-vingt-treize isolats hébergeaient des ESBL (Gunseren et al., 1999).

2.3.2 Amérique du Sud et centrale :

Des isolats de *K.pneumoniae* provenant du Chili et de l'Argentine ont été signalés comme abritant le SHV-2 et le SHV-5 en 1988 et 1989 (Casellas et al., 1989). Des ESBL ont été trouvées dans 30 à 60% des *Klebsiella spp des* unités de soins intensifs au Brésil, en Colombie et au Venezuela (Otman et al., 2002, Pfaller et al., 1999 et Mendes et al., 2000). En outre, des organismes producteurs d'ESBL ont été signalés en Amérique centrale et dans les îles des Caraïbes (Cherian et al., 1999 et Diekema et al., 1999).

2.3.3 L'Amérique du Nord :

Les premiers rapports sur les organismes producteurs d'ESBL aux États-Unis ont été publiés en 1988 (Jacoby et al., 1988). En 1989, Quinn et ses collègues (Quinn et al., 1989) ont découvert des infections importantes à *K. pneumoniae* produisant du blaTEM-10 à Chicago. D'autres premiers rapports de flambées ont décrit des infections principalement avec des ESBL de type TEM (en particulier TEM- 10, TEM-12 et TEM-26) (Meyer et al., 1993). Cependant, des épidémies avec des ESBL de type SHV ont également été observées (Jacoby et al., 1997). L'évaluation de la prévalence des organismes producteurs de BLSE aux États-Unis a été entravée par la dépendance à l'égard des statistiques examinant la résistance des organismes à la troisième génération de céphalosporines, où la résistance est définie comme une CMI de 32 ug/ml (ceftazidime) ou 64 ug/ml (cefotaxime /ceftriaxone). Comme de nombreux organismes producteurs d'ESBL ont des CMI pour la troisième génération de céphalosporines comprises entre 2 et 16 ug/ml, la prévalence des organismes producteurs d'ESBL aux États-Unis a peut-être été sous-estimée dans le passé. Mol et *al.* ont trouvé des isolats produisant des ESBL dans 75% des 24 centres médicaux des États-Unis (Moland et al., 2002). En examinant près de 36 000 isolats provenant d'unités de soins intensifs en Amérique du Nord, le pourcentage de non sensibilité de *K. pneumoniae* aux céphalosporines de troisième génération était en moyenne de 13%. Le pourcentage d'isolats sensibles a diminué de 3 % au cours de la période 1994-2000 (Neuwirth et al., 2001). Les chiffres du National Nosocomial Infection Surveillance (NNIS) pour la période de janvier 1998 à juin 2002 ont révélé que 6,1% des 6 101 isolats de *K.*

pneumoniae provenant de cent dix unités de soins intensifs se sont révélés résistants aux céphalosporines de troisième génération. Dans au moins 10 % des unités de soins intensifs, les taux de résistance dépassaient 25 %. Dans les unités de soins non intensifs des zones d'hospitalisation, 5,7 % des 10 733 isolats de K. *pneumoniae* étaient résistants à la ceftazidime. Néanmoins, dans les zones de soins ambulatoires, seulement 1,8% des 12 059 isolats de *K. pneumoniae* et 0,4% des 71 448 isolats d'*E. coli étaient résistants à la* ceftazidime (NNIS, 2002).

2.3.4 L'Afrique et le Moyen-Orient :

Plusieurs foyers d'infection par des *Klebsiella spp.* produisant des ESBL ont été signalés en Afrique du Sud (Cotton et al., 2000, Karas et al., 1996), mais aucun chiffre de surveillance nationale n'a été publié. Cependant, il a été signalé que 36,1 % des isolats de *K.pneumoniae* collectés dans un seul hôpital sud-africain en 1998 et 1999 produisaient des ESBL (Bell et al., 2002). Des ESBL ont également été enregistrées en Israël, en Arabie Saoudite et dans divers pays d'Afrique du Nord (AitMhand et al., 2002 et Barguellil et al., 1995). Des flambées d'infections à *Klebsiella spp.* avec des souches résistantes aux céphalosporines de troisième génération ont été signalées au Nigeria et au Kenya sans qu'aucune production de BLSE n'ait été enregistrée (Akindele et al., 1997). Une nouvelle enzyme CTX-M (CTX-M-12) a été trouvée au Kenya (Kariuki et al., 2001). La caractérisation des ESBL d'Afrique du Sud a révélé des types TEM et SHV, en particulier SHV-2 et SHV-5 (Hanson et al., 2001).

2.3.5 L'Australie :

Les premières ESBL détectées en Australie ont été isolées à partir d'une collection de *Klebsiella* spp. résistantes à la gentamicine pendant la période 1986-1988 au Pérou (Mulgrave, 1990). Elles ont été caractérisées comme étant dérivées du blaSHV (Mulgrave et Attwood, 1993). Au cours de la dernière décennie, des organismes producteurs d'ESBL ont été détectés dans tous les états d'Australie et dans le Territoire du Nord (Eisen et al., 1995). Des foyers d'infection ont été observés chez des adultes et des enfants. Dans l'ensemble, il semble que la proportion d'isolats de *K. pneumoniae produisant des* ESBL était d'environ 5% dans les hôpitaux australiens (Bell et al., 2002).

2.3.6 Asie :

En 1988, des isolats de *K. pneumoniae* contenant le SHV-2 ont été signalés en Chine (Jacoby et al., 1988). D'autres rapports sur d'autres organismes producteurs de SHV-2 ont été publiés en Chine en 1994 (Cheng et al., 1994). Dans des rapports comprenant un nombre limité d'isolats collectés en 1998 et 1999, 30,7% des isolats de *K. pneumoniae et* 24,5% des isolats d'*E.coli* étaient des producteurs d'ESBL (Bell et al., 2002). Dans un grand hôpital universitaire de Pékin, 27 % des *E.coli* et *K.pneumoniae* isolés à partir d'une hémoculture entre 1997 et 1999 se sont révélés être des producteurs d'ESBL (Du et al., 2002). Parmi les isolats collectés dans la province du Zhejiang, 34 % des isolats d'*E.coli et* 38,3 % des isolats de *K.pneumoniae* produisaient des ESBL (Yu et al., 2002). Des enquêtes nationales ont indiqué la présence de BLSE dans 5 à 8 % des isolats d'*E.coli* provenant de Corée, du Japon, de Malaisie et de Singapour, mais dans 12 à 24 % des isolats de Thaïlande, de Taïwan, des Philippines et d'Indonésie. Les taux de production d'ESBL par *K.pneumoniae* ont été aussi bas que 5 % au Japon (Lewis et al., 1999) et 20 à 50 % dans d'autres parties de l'Asie. Toutefois, il existe des différences évidentes d'un hôpital à l'autre ; il a été signalé qu'un quart de tous les isolats de *K.pneumoniae* provenant d'un hôpital au Japon en 1998 et 1999 étaient des producteurs d'ESBL (Bell et al., 2002). Les ESBL de la lignée SHV-2, SHV-5 et SHV-12 ont initialement dominé dans les études dans lesquelles une caractérisation génotypique a été effectuée (Lee et al., 2003). Les ESBL de type SHV nouvellement décrites ont été récemment signalées à Taïwan et au Japon (Cheng et al., 1994). Cependant, l'apparition de BLSE de type CTX-M en Inde (Du et al., 2002), en Chine (Yu et al., 2002), et les rapports plus fréquents de foyers d'infection par des BLSE de type CTX-M au Japon (Lewis et al., 1999), en Corée (Lee et al., 2003) et à Taïwan (Yu et al., 2002) laissent penser qu'il pourrait s'agir des types de BLSE dominants en Asie. La prédilection des ESBL pour *K.pneumoniae* n'a jamais été clairement expliquée. Il convient de noter que l'enzyme mère des ESBL de type TEM, TEM-1, est répandue chez de nombreuses autres espèces. Presque tous les isolats de *K. pneumoniae* ne produisant pas d'ESBL ont des bêta-lactamases à médiation chromosomique SHV-1 (Babini et al., 2000). En revanche, moins de 10 % des isolats d'*E. coli* résistants à l'ampicilline abritent le SHV-1. De nombreux gènes d'ESBL se trouvent sur de grands plasmides, même avant l'apparition des ESBL. Les grands plasmides multirésistants étaient plus courants chez les *Klebsiella spp* que chez les E.*coli* (Livermore, 1995). L'adaptation bien connue de *Klebsiella spp à l'*environnement hospitalier peut être d'une importance intéressante. Les *Klebsiella spp* survivent plus longtemps que les autres bactéries entériques sur les mains et les surfaces environnementales, ce qui facilite l'infection croisée dans les hôpitaux (Casewell et al., 1981). Un clone notable s'est avéré être un producteur de SHV-4, isolat de *K.pneumoniae* de sérotype *K-25,* qui s'était répandu dans plusieurs hôpitaux en France et en Belgique (Yuan et al., 1998).

2.4 Étude des ESBL

Une enquête sur la prévalence et les schémas de résistance aux antimicrobiens dans un hôpital de soins tertiaires du nord de l'Inde a révélé que sur cent *Klebsiella spp.* 56% étaient des producteurs d'ESBL. Environ 95 % des producteurs d'ESBL étaient résistants aux pénicillines et plus de 85 % aux céphalosporines. Tous les isolats étaient sensibles à l'imipenam et un était résistant au méropéname (Jain et Mondal, 2007). Sur les 35 % de *Klebsiella spp.* et les 9 % d'*E.coli* produisant des ESBL obtenus dans le sud de la Palestine, 98,5 % des isolats étaient sensibles au méropénam (Zakaria et al., 2008). Dans huit hôpitaux de soins tertiaires de Corée, le pourcentage d'ESBL produites par des isolats d'*Enterobacteriaceae était de* 22,4% pour *K.pneumoniae,* 10,2% pour E.*coli* et 16,2% pour *E.cloacae.* Chez *K.pneumoniae, le* SHV-11 (81 isolats, 65,9%) était la bêta-lactamase la plus répandue, suivi du SHV-12 (16 isolats, 13,0%), du CTX-M-14 (16 isolats, 13,0%) et du TEM- 52 (12 isolats, 9,8%). Chez *E. cloacae, le* SHV-12 (9 isolats, 52,9 %) était la LSBE la plus répandue.

En ce qui concerne les enzymes ESBL, les CTX-M-3 et CTX-M-14 ont été identifiées respectivement dans deux et un isolat d'*E. cloacae*. *Le* CTX-M-14 était l'ESBL la plus répandue, détectée dans 26 isolats d'*E.coli* (55,3 %), le CTX-M-15 dans huit et le SHV-12 dans quatre. Dix-sept isolats d'*E.coli (*36,2%) ont mis en évidence les enzymes TEM-1 et CTX-M-14. Chez *E. cloacae, le* SHV-12 (9 isolats, 52,9%) était l'ESBL le plus répandu. Comme pour les enzymes ESBL, les CTX-M-3 et CTX-M-14 ont été identifiées dans deux et un isolats d'*E. cloacae,* respectivement. Le TEM-17 a été détecté dans chaque isolat de *K.oxytoca, S. marcescens* et *P.mirabilis,* ainsi que dans un isolat d'*E. coli*. TEM-52 a été généré par un isolat de *K. oxytoca, C. freundii* et *Providencia* spp. SHV- 2a n'a été détecté que dans un isolat de *K. oxytoca*. Outre *K.pneumoniae, E.coli* et *E.cloacae, le* SHV-12 a également été détecté dans chaque isolat de K.oxytoca, *C.freundii* et *S.marcescens*. Deux isolats de *P.mirabilis* produisant des ESBL ont été trouvés pour générer le CTX-M-14 (Ko et al., 2008). Sur les cent isolats (quarante-deux *K.pneumoniae* et cinquante-huit *E.coli),* vingt-quatre (34,78 %) provenant de patients des unités de soins intensifs, douze (17,39 %) du service chirurgical, huit (11,59 %) du service gynécologique, sept (10,14 %) du service médical, trois (4,34 %) du service pédiatrique et quinze (21,73 %) de patients externes envoyés à l'hôpital universitaire de Chandigarh en Inde étaient des producteurs d'ESBL. La positivité de l'ESBL était de 63,79% (n=37), 87,5% (n=21) et 61,11% (n=11) pour les uropathogènes, le pus et les fluides corporels et les isolats sanguins, respectivement. Ils ont constaté que la production d'ESBL chez *E.coli* était supérieure à celle de *K.pneumoniae* (Varsha Gupta et al., 2007). Au total, une centaine d'isolats cliniques de *Klebsiella* spp. provenant des cas de septicémie néonatale dans un hôpital de soins tertiaires du nord de l'Inde ont été étudiés. Sur ce total, 58 % se sont révélés positifs à l'ESBL, la cefpodoxime s'avérant être un agent antimicrobien de dépistage de l'ESBL plus efficace que la ceftazidime, la céfotaxime et l'aztréonam (Jain et Mondal, 2008).

Une étude réalisée à Madrid, en Espagne (Aranzazu et al., 2008) a analysé les ESBL et comparé les *Klebsiella spp.* produisant des ESBL pour la période 2001-2004 avec celles de 1989-2000. Il a été constaté qu'il y a eu une augmentation de *Klebsiella spp. produisant des ESBL de* 2,5% à 4,8% pendant la période 2001-2004 (3,2% en moyenne) par rapport à 0,4% à 18,2% (4,8% en moyenne) pendant la période 1989-2000. L'augmentation de la diversité des ESBL au cours de la période 2001-2004 est due à l'apparition de nouvelles enzymes dans leur zone géographique (TEM-110, SHV-11, SHV-12, CTX-M-14 et CTXM-15) avec la persistance d'enzymes précédemment identifiées (TEM-4, SHV-2, CTX-M-9 et CTX-M-10). La répartition des différents groupes d'ESBL au cours de la période 2001-2004 était la suivante : SHV-type 44%, TEM-type 26%, CTX-M-1 cluster 25% et CTX-M-9 cluster 5%. L'apparition d'isolats produisant du CTX-M-15 en 2002 et une augmentation de leur taux au cours de la dernière année de recherche sont à noter. En outre, très peu d'isolats ont produit des enzymes CTX-M-9 ou CTX-M-14. Une structure polyclonale, comprenant des clones épidémiques avec des ESBL spécifiques (TEM-4, SHV-12 et CTX-M-15), a été observée. L'analyse phylogénétique a montré que la plupart des isolats (74,6 %) appartenaient au type KpI, avec une relation claire entre les producteurs de type KpIII et de CTX-M-10. La persistance de plasmides spécifiques associés à des ESBL spécifiques (TEM-4, SHV-12, CTX-M-10 et CTX-M-15) a été notée. Une analyse de corésistance a révélé une augmentation de la résistance au triméthoprime (41,5 % contre 10,3 %), au sulfamide (54,7 % contre 29,3 %) et à l'acide nalidixique (34 % contre 6,9 %), par rapport à la période 1989-2000 (Aranzazu et al., 2008).

En 2006, parmi les soixante-dix isolats de la famille des *Enterobacteriaceae* provenant d'un hôpital de soins tertiaires à Chennai, en Inde, 80% étaient multirésistants et 20% producteurs d'ESBL. Le test tridimensionnel s'est avéré meilleur que la synergie à double disque pour la détection des ESBL (Menon et al., 2006).

Dans une étude analysant les profils de sensibilité d'*E.coli* et de *K.pneumoniae* produisant des

ESBL dans des isolats cliniques d'un hôpital universitaire en Arabie Saoudite, les ESBL produisant des isolats d'E.*coli ont* montré la plus grande sensibilité au méropénem (95,8%), suivi de l'amikacine (93,7%) et de l'imipénem (91,7%). Les ESBL produisant des isolats de *K.pneumoniae ont montré la plus forte sensibilité au méropénem (*94,4%), suivie de la gentamicine, de la pipéracilline-tazocine (88,9%), de l'amikacine, de la ciprofloxacine et de la lévofloxacine (83,3%). La sensibilité de ces deux organismes à d'autres antibiotiques était inférieure à 80 %. Cependant, un niveau élevé de résistance a été détecté contre le triméthoprime sulfaméthoxazole. Une résistance élevée a été observée à la betacombinaison bêta-lactame / betainhibiteur de lactamase. Les *E.coli* et *K. pneumoniae* betaproduisant des *ESBL* présentaient une excellente sensibilité au méropénem (Alhussain et Akhtar, 2005).

En 2008, sur les cent trente isolats cliniques de *Klebsiella* spp. isolés de nouveau-nés septicémiques d'une unité de soins intensifs néonatals (USIN) dans un hôpital de soins tertiaires du nord de l'Inde, soixante-quatre isolats se sont révélés positifs pour l'ESBL. En outre, 26,5% (n=17) avaient les deux gènes TEM et SHV, 48,4% (n=31) avaient seulement TEM et 20,3% (n=13) avaient seulement le gène SHV. Quatre virgule six pour cent (n=3) des isolats positifs pour l'ESBL se sont révélés négatifs à la fois pour le blaTEM et le blaSHV. Les isolats possédant à la fois les gènes blaTEM et blaSHV étaient très résistants aux antibiotiques utilisés. Le degré de résistance pour la troisième génération de céphalosporines était également élevé dans ces isolats (Amita et Mondal, 2008).

À l'hôpital universitaire de Dokuz Eylul en Turquie, 38% des isolats d'*Enterobacteriacea* étaient positifs pour l'ESBL, tandis que 52,7% du gène balTEM, 74,3% du gène blaSHV et 32,4% des gènes blaTEM et blaSHV ont également été détectés. BlaSHV-2, blaSHV-5 et blaSHV-12 ont été trouvés dans cinq, sept et cinq échantillons, respectivement. Le SHV-12 a été détecté pour la première fois en Turquie et la plupart des isolats cliniques étaient des *K. Pneumoniae* (Tasli et Bahar, 2005).

Dans l'étude réalisée par Ana Kaftandzhieva et al, à l'université de la clinique pédiatrique de Skopje, sur les deux cent douze souches d'*E.coli et les* cent trois souches de *K.pneumoniae,* 11,8% des isolats d'*E.coli et* 24,3% des isolats de *K.pneumoniae* étaient positifs pour l'ESBL. Les isolats d'E.*coli* produisant des ESBL ont été le plus souvent retrouvés dans les voies respiratoires (21,4%) et dans les infections urinaires (7,2%). Les isolats de *K. pneumoniae* positifs pour les ESBL ont été le plus souvent récupérés dans des infections urinaires (38,5 %) et des infections des voies respiratoires (18,7 %) (Ana et al., 2009).

Une recherche entreprise au Centre international pour les maladies cardio thoraciques et vasculaires dans un hôpital spécialisé de Chennai, en Inde, a trouvé des gènes similaires au BlaSHV dans 260 isolats, dont 14 % d'*E.coli,* 15 % d'*Enterobacter* spp. et 45 % de *Klebsiella* spp. (Jemima et al., 2008). Dans une étude réalisée aux Philippines par Esperanza et al. (2009), le BlaSHV-12 a été trouvé pour la première fois parmi les ESBL productrices d'*Enterobacteriacea,* collectées entre juin 2000 et août 2001. Tous les isolats étaient positifs pour le blaSHV-12 et négatifs pour le blaCTX-M, à l'exception de 20 % qui étaient positifs pour le blaTEM. Cette étude a montré que blaSHV-12 était un gène prédominant parmi les *entérobactéries produisant des* ESBL. Dans une autre étude, Zeba et autres (2004) ont trouvé une fréquence élevée de bêta-lactamase de type blaSHV chez *K. pneumoniae* au Burkina Faso. Deux mutants blaSHV-11 ont également été identifiés au Burkina Faso dans des souches cliniques de *K. pneumoniae.*

Lors d'une recherche menée en Corée, sur les onze *K. pneumoniae* isolés, tous se sont avérés résistants à la ceftazidime, à l'aztréonam et sensibles à l'imipénem. Le BlaSHV-12 a été trouvé dans dix d'entre eux par PCR et analyse de séquence (Roh et al., 2008). Sur les cent quatre

Klebsiella Spp. examinées à l'hôpital universitaire de Ribeirao Preto à São Paulo, au Brésil, entre avril 2002 et octobre 2003, 45,2 % se sont révélées positives à l'ESBL (Rodrigues et al., 2006).

Dans une étude réalisée à Enugu Metropolis entre janvier et avril 2009, sur les trois cents isolats de *K.pneumoniae,* 62 % se sont révélés positifs pour les ESBL. Les enzymes ESBL ont été isolées plus fréquemment dans le sang 40,0% (n=76), suivi par l'urine 30,5% (n=66) et les crachats 23,6% (n=44). Tous les isolats produisant des ESBL se sont avérés résistants aux antibiotiques suivants : ceporex (64%), gentamicine (92,6%), acide fusidique (90,0%), érythromycine (82,3%), triméthoprime-sulfaméthoxazole (96.3%), tétracycline (88,5%), ciprofloxacine (31,2%), nitrofurantoïne (31,2%), ceftazidime (69%), céfotaxime (74%), ceftriaxone (79,6%) et imipénem (0%) (Ifeanyichukwu et al, 2009). Dans les unités de soins intensifs en Italie, entre mars 1996 et juillet 1997, un total de cent quatre isolats de *K.pneumoniae se sont* révélés résistants aux céphalosporines de troisième et quatrième générations. Toutes les souches se sont révélées produire des ESBL (Pagani et al., 2000).

Quatre foyers de *K.pneumoniae* producteur de bêta-lactamase à spectre étendu ont été détectés dans trois hôpitaux italiens au cours de la période 1996-1997 et les enquêtes épidémiologiques ont révélé que chaque foyer était causé par une seule souche distincte. La première souche épidémique a produit des ESBL de type TEM-52, la deuxième a produit le blaSHV-5, la troisième le blaSHV-12 et la dernière le SHV-2a (Pagani et al., 2000). Dans un hôpital de soins tertiaires en Inde, sur les deux cent quatre isolats, 85,8% (n=175) étaient résistants à la troisième génération de céphalosporines et 97,1% (n=170) des isolats de *Klebsiella spp ont été* confirmés positifs pour l'ESBL. Un total de quatre-vingt-quinze isolats de *Klebsiella* positifs pour l'ESBL ont été sélectionnés au hasard pour détecter la présence des gènes blaSHV et blaTEM. Le gène blaTEM était présent dans 20% (n=19), le blaSHV dans 8,4% (n=8), tandis que les gènes *blaTEM* et blaSHV étaient présents dans 67,3% (n=64) des isolats (Prabha et al., 2007).

En Arabie Saoudite, en 2007, sur les quatre cents *K. penumoniae,* 55 % étaient positifs pour les ESBL. Les ESBL produites par *K. pneumoniae* étaient positives pour 97,3 %, 84,1 %, des gènes blaSHV et blaTEM par PCR, respectivement. Les taux de résistance à la céfotaxime, à la ceftazidime et à l'amoxicilline/clavulanate étaient respectivement de 97 %, 95 % et 86 %. Une céphalosporine de quatrième génération, le céfépime, a montré une activité modérée (47 %), mais 4,5 % (n=10/220) se sont révélés résistants à la céfoxitine, tandis que tous les isolats produisant des ESBL étaient sensibles à l'imipénem (Mohammad et al., 2009).

2.5 Facteurs de risque de colonisation et d'infection chez les producteurs d'ESBL

De nombreuses études ont utilisé un modèle cas-témoins pour identifier les facteurs de risque de colonisation et d'infection par des organismes produisant des ESBL (Ariffin et al., 2000 et Asensio et al., 2000). L'analyse des résultats de ces études donne une pléthore de résultats contradictoires, principalement en raison des différences dans la population étudiée, la sélection des cas, les témoins et la taille des échantillons (Paterson, 2002). Néanmoins, certaines généralisations peuvent être faites. Les patients à haut risque de colonisation ou d'infection par des organismes producteurs d'ESBL sont souvent des personnes gravement malades dont l'hospitalisation est prolongée et dans le corps desquelles des dispositifs médicaux invasifs (cathéters urinaires, tubes endotrachéaux et lignes veineuses centrales) existent depuis longtemps.

La durée médiane d'hospitalisation avant l'isolement d'un producteur d'ESBL varie de onze à soixante-sept jours, selon l'étude. En plus de ceux déjà mentionnés, un certain nombre d'autres facteurs de risque ont été trouvés dans des études individuelles, notamment la présence de sondes nasogastriques (Asensio et al., 2000), de tubes de gastrostomie ou de jéjunostomie (Schiappa et al., 1996) et de lignes artérielles (Pena et al., 1997), l'administration d'une nutrition parentérale totale, de nouvelles chirurgies, l'hémodialyse (DAgata et al., 1998), les ulcères de décubitus (Wiener et al., 1999) et de mauvaises conditions nutritionnelles. Une forte utilisation d'antibiotiques est également un facteur de risque pour l'acquisition d'un organisme produisant des ESBL (Ariffin et al., 2000). Plusieurs études ont établi un lien entre l'utilisation de céphalosporines de troisième génération et l'acquisition d'une souche productrice de BLSE (Ariffin et al., 2000 et Asensio et al., 2000). D'autres études, bien qu'incapables de montrer une signification statistique, ont également montré des tendances vers une telle association (les values in all the three studies were between 0.05 and 0.10) (De Champs et al., 1991). Furthermore, a tight correlation has been established between using ceftazidime and prevalence of ceftazidimesouches Presistant dans les mêmes services d'un hôpital. Dans une recherche menée dans quinze hôpitaux values in all the three studies were between 0.05 and 0.10) (De Champs et al., 1991). Furthermore, a tight correlation has been established between using ceftazidime and prevalence of ceftazidimedifférents, une association a été trouvée entre l'utilisation de céphalosporine et d'aztréonam et le taux d'isolement des organismes produisant des ESBL dans chaque hôpital. L'utilisation d'autres types d'antibiotiques s'est avérée associée à des infections ultérieures, principalement dues à des organismes produisant des ESBL. Il s'agit notamment des quinolones, du triméthoprime-sulfaméthoxazole (Quale et al., 2002), des aminoglycosides (Asensio et al., 2000) et du métronidazole. Au contraire, l'utilisation préalable de combinaisons bêta-lactam/inhibiteur de bêta-lactamase, de pénicillines ou de carbapénèmes ne semble pas être associée à des infections fréquentes par des organismes produisant des BLSE.

2.6 Spectre des maladies cliniques

Au départ, on a constaté que les organismes producteurs d'ESBL ne provoquaient que des infections nosocomiales (Asensio et al., 2000). Plus tard, on a constaté qu'ils provoquaient un transport à long terme dans la communauté (Cosgrove et al., 2002). Récemment, plusieurs rapports ont fait état d'infections réelles acquises dans la communauté *(par exemple, des* infections urinaires) par des ESBL produisant des *E. coli* (De Champs et al., 1991). Il a été constaté que le diabète sucré, l'utilisation antérieure de quinolones, les infections urinaires récurrentes, l'hospitalisation antérieure et le vieillissement étaient des facteurs de risque indépendants (Amita Jain et Rajesh Mondal, 2008). Les organismes producteurs de BLSE provoquent un large éventail de maladies cliniques allant de la colonisation à des infections graves (Quale et al., 2002). Les types d'infections les plus courants comprennent les infections urinaires, la péritonite, la cholangite et les abcès intra-abdominaux. Elles sont une cause fréquente de pneumonie nosocomiale et de bactériémie liée à la voie veineuse centrale (Quale et al., 2002). Chez les patients hospitalisés subissant des interventions neurochirurgicales, les producteurs d'ESBL peuvent également provoquer une méningite (De Champs et al., 1991).

Dans une étude réalisée à l'hôpital Milad de Téhéran entre mars et juin 2009, sur les cent quinze souches de *K.pneumoniae* provenant d'échantillons d'urine de patients admis, 12 % des isolats se sont révélés positifs à l'ESBLS (Behroozi et al., 2009).

Dans le cadre d'une enquête, cent soixante-huit isolats cliniques de *K.pneumoniae* ont été collectés entre septembre 2006 et février 2007 dans trois hôpitaux généraux de Téhéran, en Iran. La plupart des isolats de *K.pneumoniae provenaient d'échantillons d'*urine (n= 82), de voies respiratoires (n= 21) et de sang (n= 16). Il a été constaté que 69 % des cent soixante-huit isolats cliniques ont été testés positifs et cinquante et un isolats (31 %) ont été testés négatifs pour les ESBL (Bameri et al., 2010).

La fréquence de la bêta-lactamase à spectre étendu à Semnan, en Iran, a été observée chez 28,9 % des *K. pneumoniae* (Irajian et al., 2010).

Dans une étude réalisée en Malaisie, le nombre d'isolats respiratoires collectés au cours des cinq années entre 2000 et 2004 était respectivement de 716, 896, 1 688, 1 258 et 1 432, ce qui porte le total à 5 990 isolats. Au total, 26,4 % (1 581) des isolats cultivés étaient des *K. pneumoniae.* La majorité des patients étaient des Malais et la plupart des isolats provenaient des crachats. Dans l'ensemble, les services généraux ont fourni 88,5 % des isolats de *Klebsiella,* tandis que les services de soins intensifs ont fourni les 11,5 % restants. La résistance aux céphalosporines de troisième génération (céfotaxime, ceftadizime et ceftriaxone combinés) était de 20,2% en 2000, 18,1% en 2001, 7,3% en 2002, 8% en 2003 et 21% en 2004 (Loh et al., 2007).

Lors d'une enquête menée de janvier à décembre 2004 sur les rapports de laboratoire des patients de l'UMMC, les bactériémies à spectre étendu produisant des bêta-lactamases *E. coli* et *Klebsiella* spp. ont été jugées faibles (respectivement 2,3 % et 1,8 % du total des isolats) (Karunakaran et al., 2007). Ces résultats ont montré différents pourcentages de *K.pneumoniae produisant des* ESBL dans différentes parties du monde. La fréquence des ESBL en Malaisie varie de 1,8 % à 21 %, tandis que dans différentes régions d'Iran, elle varie de 12 % à 69 %. Il est clair que la fréquence des ESBL en Iran est plus élevée qu'en Malaisie car ce pays n'avait pas de programme de contrôle de l'absorption de céphalosporines de troisième génération et d'autres antibiotiques.

Actuellement, les ESBL sont considérées comme un problème parmi les patients hospitalisés dans le monde entier. La prévalence des ESBL parmi les isolats cliniques, qui évolue rapidement dans le temps, varie considérablement et géographiquement. Les patients souffrant d'infections causées par des organismes producteurs de BLSE courent un risque croissant d'échec thérapeutique avec les antibiotiques B- lactame à large spectre. Par conséquent, il est recommandé que tout organisme dont la production de BLSE est confirmée par des expériences soit déclaré comme résistant à l'ensemble des antibiotiques bêta-lactamines à large spectre, indépendamment des résultats des tests de sensibilité.

CHAPITRE 3
LES MATÉRIAUX ET LES MÉTHODES

3.1 Isolats bactériens :

Six cent sept isolats cliniques de *Klebsiella spp ont* été identifiés entre mars 2007 et avril 2008 dans cinq hôpitaux de trois villes (Ilam, Tabriz et Téhéran) en Iran. Les souches ont été isolées d'infections des voies urinaires, des unités de soins intensifs, des salles de chirurgie, de lésions et d'infections des voies respiratoires (tableau 3.1).

Tableau 3.1 Fréquence des *Klebsiella spp* dans les hôpitaux Emam Reza, Milad et Ilam

Hôpitaux	*Klebsiella* spp	UTI	Les services de	services de	Infections par lésions	RTI
Hôpitaux Ilam (Imam khomaini, ghaem, Mostafa khomaini)	220	109	21	18	25	47
Hôpital de Tabriz(Emam reza)	107	45	14	9	12	27
Hôpital de Téhéran(Milad)	280	134	32	28	24	62

3.2 Prélèvement d'échantillons

3.2.1 RTI

Les isolats de *K.pneumoniae sont* collectés à partir d'expectorations, d'aspirations trachéales, de lavage bronchique et de lavage bronchoalvéolaire. La collecte d'échantillons multiples du même patient a cependant été évitée dans la base de données (Okesola et al., 2007).

3.2.2 UTI

Une quantité mesurée d'urine, par la méthode de la boucle calibrée, a été inoculée dans un milieu de gélose nutritive pour le comptage des colonies. Une quantité égale ou supérieure à 10^4 UFC/ml d'un seul agent pathogène potentiel ou pour chacun de deux agents pathogènes potentiels interprétés comme des UTI positives et un résultat de 10^{2}-10^{4} UFC/ml a été répété. Un résultat inférieur à 10^2 UFC/ml a été interprété comme une UTI négative (Irajian et al., 2010). Des échantillons d'urine ont été cultivés pour l'isolement des agents microbiens de l'UTI sur gélose au sang et sur milieu de gélose MacConky (Merck, Allemagne).

3.2.3 CSI

Toutes les nouvelles infections survenues après 48 heures d'admission, qui n'étaient pas présentes ou en incubation au moment de l'admission et qui n'étaient pas responsables du processus de la maladie primaire, étaient considérées comme des infections nosocomiales ou acquises à l'hôpital. En l'absence de preuves cliniques d'infection, la présence de colonies bactériennes de plus de 20 individus dans les échantillons de dépistage a été considérée comme suffisante pour qualifier ces patients d'infectés et le traitement nécessaire a été conseillé. Seuls les patients qui ont montré des signes d'infection nosocomiale pendant leur séjour dans les unités de soins intensifs ont été qualifiés pour l'étude. Tous les patients infectés et septicémiques ont été exclus de l'étude et séparés à l'admission dans des cabines différentes afin d'éviter toute infection croisée avec d'autres patients. Des cultures ont également été prélevées dans les circuits de ventilation ou le lavage alvéolaire des bronches chez les patients ventilés le 0, 2, 4, 6 et 8e jour et plus tard comme indiqué.

3.2.4 Service de chirurgie

Échantillons prélevés sur des patients dans les services de chirurgie.

3.2.5 Infection des lésions

Échantillons prélevés sur des patients présentant une infection de lésion cutanée par échange.

3.3 Identification des *Klebsiella spp*

Procédure d'identification :

Coloration de Gram par la méthode Preston-Morrel modifiée, l'oxydase et la catalase. Médias : SIM, Simon Citrate , MR-VP , Lysine Iron Agar, Kligler Agar, Phenylalanin Agar, Urea Agar, Malonate, Blood Agar, Maccanky Agar (Macfaddin et al., 1999) ont été utilisés dans notre étude. Tous les milieux ont été obtenus auprès de la société Merck (Allemagne).

3.4 Détection de *Klebsiella spp.* produisant des ESBL

Les méthodes de détection des BLSE en laboratoire étaient basées sur les recommandations du National Committee for Clinical Laboratory Standards (NCCLS) et du Canadian External Quality Assessment Advisory Group for Antibiotic Resistance. Cependant, il y a eu des variations mineures par rapport à ces directives pour s'adapter aux opérations des laboratoires dans nos milieux. Tous les isolats cliniquement significatifs de *Klebsiella spp. ont* dû être testés contre les bêta-lactamines en utilisant une méthode de diffusion sur disque (comme le préconisent les critères d'interprétation révisés du NCCLS). Toute diminution de la taille des zones pour la troisième génération de céphalosporines devait être utilisée comme critère pour tester l'identification des ESBL (NCCLS, 1998).

3.4.1 Méthodes de dépistage de l'ESBL

Méthode standard de diffusion des disques :

Des tests de sensibilité *in vitro* ont été effectués selon la procédure établie du NCCLS avec la ceftazidime (Ca) (30ug), la céfotaxime (Ce) (30ug), la ceftriaxone (Ci) (30ug), l'aztéronam (Ao) (30ug) et la cefpodoxime (Cep) (30ug). Les diamètres des zones ont été lus en utilisant le NCCLS révisé (NCCLS, 1999). Tout diamètre de zone à l'intérieur de la "zone grise" a été considéré comme une souche produisant probablement des ESBL et nécessitant un test de confirmation phénotypique.

3.4.2 Méthode de confirmation phénotypique

La ceftazidime (30ug) contre la ceftazidime/clavulanique (Cac) (30/10ug), la céfotaxime (30ug) contre la céfotaxime /acide clavulanique (Cec) (30/10ug) et le cefpodoxim contre la cefpodoxim/acide clavulanique (Cep) (30/10ug) ont été placés dans une plaque de gélose Muller-Hinton recouverte de l'organisme à tester et incubés. Quel que soit le diamètre des zones, une augmentation de plus de 5 mm du diamètre d'une zone pour un agent antimicrobien testé en combinaison avec de l'acide clavulanique par rapport à la taille de sa zone lorsqu'il est testé seul, indiquait une production probable de BLSE (NCCLS, 1999).

Klebsiella pneumoniae ATCC 700603 a été utilisé comme témoin pour les tests ESBL.

La gamme de diamètre de *Klebsiella pneumoniae* ATCC 700603 était la suivante :

Cefpodoxime (10ug) 6-9mm

Ceftazidime (30ug) 10-18mm

Céphotaxime (30ug) 17-25mm

Ceftriaxone (30ug) 16-24mm

Aztreonam (30ug) 9-17mm

3.5 Effet des antibiotiques non bêta-lactame contre les *Klebsiella spp.* produisant des ESBL

L'amikacine (Ak) (30ug), le cotrimoxazol (Co) (30ug), la ciprofloxacine (Cf) (30ug), l'imipénem (I) (30ug) ont été utilisés parmi les ESBL produisant des *Klebsiella spp pour les* antibiotiques non bêta-lactamines (Paterson et al., 2000). Tous les disques d'antibiotiques ont été obtenus auprès de HiMedia Company (Inde).

3.6 Méthode de l'antibiogramme

3.6.1 Norme de turbidité de McFarland

Une norme McFarland 0,5 a été préparée et la qualité a été contrôlée avant de commencer les tests de sensibilité. La norme McFarland a été utilisée pour ajuster la turbidité des inoculums pour l'essai de sensibilité.

3.6.2 Préparation des inoculums par les bactéries

Chaque test de culture de *Klebsiella* spp a été strié sur un milieu de gélose au sang pour obtenir des colonies isolées. Après une incubation à 35°C pendant la nuit, quatre ou cinq colonies bien isolées ont été sélectionnées à l'aide d'une boucle d'inoculation ; la croissance a été transférée dans un tube de solution saline stérile et a été soigneusement mélangée au vortex. La suspension de *Klebsiella* spp. a ensuite été comparée aux étalons de 0,5 McFarland. L'étalon de turbidité devait être agité sur un mélangeur à vortex immédiatement avant d'être utilisé. Si la suspension de *Klebsiella spp.* ne semblait pas avoir la même densité que la norme McFarland 0,5, la turbidité pouvait être réduite par l'ajout de solution saline stérile ou augmentée par l'ajout de *Klebsiella* spp.

3.6.3 Procédure d'inoculation

Dans les 15 minutes suivant l'ajustement de la turbidité de la suspension d'inoculums, un coton-tige stérile a été plongé dans la suspension. En appuyant fermement contre la paroi intérieure du tube juste au-dessus du niveau du liquide, le coton-tige a été tourné pour éliminer tout excès de liquide. En étendant le coton-tige sur toute la surface du milieu à trois reprises, la plaque a été tournée d'environ soixante degrés après chaque application pour assurer une distribution uniforme des inoculums. Enfin, tous les écouvillons ont été passés autour du bord de la surface de la gélose (Bauer et al., 1966).

3.6.4 Disques antimicrobiens

Les disques antimicrobiens ont été appliqués sur les plaques dès que possible, mais pas plus de 15 minutes après l'inoculation. En plaçant les disques individuellement, ils ont été doucement enfoncés dans l'agar. Les disques étaient généralement placés à au moins 20 mm l'un de l'autre sur une plaque de gélose MH. Cela a permis d'éviter le chevauchement des zones d'inhibition ainsi que toute erreur de mesure possible. Après avoir placé les disques sur la plaque, celle-ci était inversée et incubée à 35°C pendant seize à dix-huit heures. Après l'incubation, le diamètre des zones d'inhibition complète (y compris le diamètre du disque) a été mesuré et enregistré en millimètres. Il était possible d'effectuer les mesures avec une règle sur la surface inférieure de la plaque sans ouvrir le couvercle (National Nosocomial Infections Surveillance. 2002).

3.7 Méthode moléculaire

3.7.1 Extraction d'ADN

Les *Klebsiella spp.* produisant des ESBL ont été cultivées dans un bouillon LB à 37°C pendant la nuit, puis l'ADN a été extrait à l'aide du KIT d'extraction d'ADN (Fermenrtase, Espagne).

Protocole expérimental

1. Un mélange de 200pl de l'échantillon avec 400pl de solution de lyse a été incubé à 65°C pendant 5 min.

2. On a immédiatement ajouté 600pl de chloroforme, puis l'échantillon a été doucement émulsifié par inversion (3 à 5 fois) et centrifugé à 10 000 tr/min pendant 2 min.

3. La solution de précipitation a été préparée en mélangeant 720 ml d'eau déionisée stérile avec 80 ml de solution concentrée 10 fois.

4. La phase aqueuse supérieure contenant l'ADN a été transférée dans un nouveau tube auquel on a ajouté 800 ml de solution de précipitation fraîchement préparée et on l'a doucement mélangée par plusieurs inversions à température ambiante pendant 1 à 2 minutes. La solusion a été centrifugée à 10 000 tours/minute pendant 2 minutes.

5. Le surnageant (avant séchage) a été complètement éliminé et le culot d'ADN a été dissous dans 100pl de solution NaCl 1,2M par un léger tourbillonnement, en s'assurant que le culot s'était complètement dissous.

6. 300 litres d'éthanol froid ont été ajoutés, laissant l'ADN précipiter (10 minutes à -20°C) et tourner (10 000 tours/minute, 3-4 minutes), puis l'éthanol a été évacué. La pastille a été lavée une fois avec de l'éthanol froid à 70 % et l'ADN a été dissous dans 100 litres d'eau déionisée stérile par un léger tourbillonnement, puis l'ADN a été maintenu à -20°C.

3.7.2 Réaction en chaîne de la polymérase (PCR)

La réaction en chaîne de la polimrase (PCR) a été réalisée en utilisant les amorces du tableau 3.2.

Table 3.2 Amorces pour la PCR de *Klebsiella spp*

Primers	Séquence d'amorces	Taille de l'amplicon	Références
blaTEM	F : 5-GAGTATCAACATTTCCGTGTC-3 R : 5-TAATCAGTGAGGCACCTTCTC-3	885bp	Shahcheraghi et al., 2007
blaSHV	F : 5-AAGATCCACTATCGCCCAGCAG-3 R : 5-ATTCAGTTCCGTTTCCCAGCGG-3	235bp	Shahcheraghi et al., 2007
blaCTX-m	F : 5-ACGCTGTTGTTAGGAAGTG-3 R : 5-TTGAGGCTGGGTGAAGT-3	759bp	Mansouri et al., 2009

Préparation de l'amorce

Pour bla SHV, 235ul d'eau déionisée ont été ajoutés à l'amorce de base et doucement mélangés (c'était

100 p/mol) pour préparer 20p/mol ; 1ul d'amorce à ajouter à 19 ul d'eau déionisée.

Pour le blaTEM, 498 ul d'eau déionisée ont été ajoutés à l'apprêt de base et mélangés doucement (c'était

100 p/mol) pour préparer 20 p/mol ; 1ul d'amorce ajouté à 19 ul d'eau déionisée.

Pour le blaCTX-M, 354 ul d'eau déionisée ont été ajoutées à l'amorce de base et mélangées doucement (c'était 100 p/mol) pour préparer 20 p/mol ; 1ul d'amorce a été ajouté à 19 ul d'eau

déionisée.

Préparation des matériaux pour la réaction PCR 50ul (Harvey et al., 2000) :

1	10x tampon PCR	5ul
2	Mgcl2	3ul
3	dNTP	2ul
4	Tampon PCR	5ul
5	L'abécédaire des révérends	5ul
6	Avant-propos	5ul
7	Taq polymérase	0,4ul
8	Eau, sans nucléase	25ul
9	Modèle d'ADN	5ul

Le gène blaSHV a été amplifié dans les conditions suivantes : dénaturation initiale à 94°C pendant 3 minutes, suivie de 35 cycles de dénaturation à 95°C pendant 30 secondes, d'un recuit à 56°C pendant 1 minute, et à 72°C pendant 1 minute, avec une extension finale de 72°C pendant 10 minutes.

Le gène blaTEM a été amplifié dans les conditions suivantes : dénaturation initiale à 94°C pendant 3 minutes, suivie de 35 cycles de dénaturation à 95°C pendant 30 secondes, d'un recuit à 45°C pendant 1 minute, et à 72°C pendant 1 minute, avec une extension finale de 72°C pendant 10 minutes.

Le gène blaCTX-M a été amplifié dans les conditions suivantes : dénaturation initiale à 94°C pendant 3 minutes, suivie de 35 cycles de dénaturation à 95°C pendant 30 secondes, d'un recuit à 48°C pendant 1 minute, et de 72°C pendant 1 minute, avec une extension finale de 72°C pendant 10 minutes.

Les amplicons ont été passés dans un gel d'agarose à 1%. Les gels ont été colorés au bromure d'éthidium et l'abandon observé à l'endroit désiré a été photographié sur un transilluminateur à lumière ultraviolette. [Les produits de la PCR ont été extraits du gel par le kit d'extraction de gel (Fermentas)].

Procédure :

1. Le gel d'excision contenant le fragment d'ADN a été tranché à l'aide d'un scalpel ou d'une lame de rasoir propre. Il a ensuite été coupé aussi près que possible de l'ADN pour minimiser le volume du gel. Ensuite, la tranche de gel a été placée dans un tube de 1,5 ml pré-pesé et le poids gagné a été enregistré.

2. Un volume de tampon de liaison de 1:1 a été ajouté à la tranche de gel (volume : poids) (par exemple, 100 pl de tampon de liaison ont été ajoutées à chaque 100 mg de gel d'agarose).

3. Le mélange de gel a été incubé à 50-60°C pendant 10 minutes ou jusqu'à ce que la tranche de gel soit complètement dissoute. Le tube a été mélangé par inversion à quelques minutes d'intervalle pour faciliter le processus de fusion, afin de s'assurer que le gel s'est complètement dissous. Ensuite, la couleur de la solution a été vérifiée. Une couleur jaune indiquait un pH optimal pour la fixation de l'ADN. Si la couleur de la solution était orange ou violette, 10 pl d'acétate de sodium 3 M et un pH de 5,2 étaient ajoutés à la solution et mélangés, jusqu'à ce que la couleur du mélange devienne jaune.

4. Si le fragment d'ADN est supérieur à 500 pb, un volume 1:2 d'isopropanol à 100 % est ajouté à la solution de gel solubilisé (par exemple, 100 pl d'isopropanol doivent être ajoutées à *100 mg de* la tranche de gel solubilisée dans 100 pl de tampon de liaison), et mélangées soigneusement.

5. Jusqu'à 800 pl de la solution de gel solubilisé (de l'étape 3 ou 4) ont été transférées dans la colonne de purification Gene JET, centrifugées pendant 1 minute ; puis, le flux a été rejeté et la colonne a été replacée dans le même tube de collecte.

6. 100 pl de Binding Buffer ont été ajoutées à la colonne de purification GeneJET™ et

centrifugées pendant 1min. Le flux a été éliminé et la colonne remplacée dans le même tube de collecte.

7. 700 pl de tampon de lavage (dilué avec de l'éthanol comme décrit en p. 3) ont été ajoutées à la colonne de purification GeneJE et à la centrifugeuse pendant 1 minute. Le flux a été éliminé et la colonne a été remplacée dans le même tube collecteur.

8. La colonne de purification vide de GeneJET™ a été centrifugée pendant une minute supplémentaire pour éliminer complètement le tampon de lavage résiduel.

9. La colonne de purification de GeneJET™ a été transférée dans un tube de microcentrifugeuse propre de 1,5 ml (non inclus). 50 pl de tampon d'élution ont été ajoutées au centre de la membrane de la colonne de purification et centrifugées pendant 1 minute.

10. La colonne de purification GeneJET a été jetée et l'ADN purifié a été conservé à une température de - 20°C.

3.7.3 MLST (Multilocus Sequence Typing)

Cinq gènes de ménage ont été sélectionnés pour établir le schéma MLST pour trente K. *pneumoniae* dans notre étude ; *rpoB* (ARN polymérase -sous-unité), *gyrA* (ADN gyrase sous-unité A), *gapA* (glycéraldéhydes 3-phosphate déshydrogénase A), *groEL* (protéine GroEL), et *gyrB* (ADN gyrase sous-unité B). Les amorces utilisées pour l'amplification des fragments de gènes sont indiquées dans le tableau 3.3. Les amplifications par PCR ont été effectuées dans les conditions suivantes : 35 cycles de dénaturation à 94°C pendant 30 secondes, d'annelage à 50-55°C pendant 30 secondes, et d'extension à 72°C pendant 1 minute ; le processus a été précédé d'une dénaturation de 5 minutes à 94°C, suivie d'une extension finale de 5 minutes à 72°C. Les produits PCR ont été purifiés à l'aide d'un kit de purification PCR (fermentase) ; ensuite, les produits ont été séquencés. Les séquences brutes ont été concaténées et éditées à l'aide des programmes EditSeq et MegAlign. Pour chaque locus, des séquences d'allèles distinctes ont été attribuées sous la forme d'un numéro d'allèle arbitraire. Chaque isolat a été caractérisé par son profil allélique, représenté par une série de cinq entiers correspondant aux allèles de chacun des loci, dans l'ordre *rpoB, gyrA, gapA, groEL* et *gyrB.* Le type de séquence (ST) a été désigné pour chaque profil allélique unique comme un programme de démarrage de l'ADN. *URL : (www.pubmlst.com)*

3.7.4 Détection de bla TEM, SHV et CTX-M

Pour spécifier le sous-type des gènes *bla*, les produits de la PCR amplifiée ont été séquencés sur les deux brins comme cela a été fait dans l'analyse MLST. Les séquences d'acides aminés ont été déduites des séquences de nucléotides à l'aide du programme MegAlign. Elles ont été comparées avec la base de données du site web (http://www.lahey.Org/ Studies/).

Tableau 3.3 Amorces pour le typage de séquences multilocus de *K.pneumoniae*

Primers	Séquences	Références	Taille
rpoB (ARN polymérase -sous-unité)	CM81 CAG TTC CGC GTT GGC CTG CM32b CGG AAC GGC CTG ACG TTG CAT	Mollet et al, 1997	687bp
gyrA (ADN gyrase sous-unité A)	gyrA1 ATG AGC GAC CTT GCG AGA GAA AT gyrA2 CTC GTC ACG CAG CGC GCT GAT GCC	Wertz et al., 2003	752bp
gapA (glycéraldéhydes 3-phosphate déshydrogénase A)	gapA1 AGA ACA TCA TCC CGT CCT CTA CC gapA2 CCA GAA CTT TGT TGG AGT AAC C	Wertz et al., 2003	366bp
gyrB (ADN gyrase sous-unité B)	gyrB1 GCC TCG AAA CCT TCA CCA gyrB2 CGC GAC GTG CGG CCT CAC GG	Wertz et al., 2003	648bp
groEL (protéine GroEL)	groEL1 GAC GCT CGY GTR AAA ATG CTS C groEL2 GCA GTG CAA CTT TGA TAC CCA CG	Wertz et al., 2003	786bp

3.8   Analyse statistique

Le test de fréquence a été effectué par SPSS 13 pour déterminer la fréquence de chaque blagène

et la résistance aux antimicrobiens.

Figure 3.1 : Aperçu des méthodes

Prélèvement d'échantillons

v

Identification de Klesbsiella spp

Étape de dépistage de la détection des ESBL

Confirmation du stade de détection des ESBL

Effet des antibiotiques non bêta-lactamines contre les Klebsiella spp produisant des ESBL

Réaction en chaîne de la polymérase (PCR) pour la détection du blaSHV, du TEM et du CTX-M

MLST

CHAPITRE 4

RÉSULTATS

Sur les six cent sept *Klebsiella spp* isolées dans cinq hôpitaux de trois villes d'Iran, 34,26% (n=208), 16,96% (n=103) et 43,65% (n=265) de *K. pneumoniae* ont été obtenues dans les hôpitaux d'Ilam, de Tabriz et de Téhéran, respectivement (figure 4.1).

Figure 4.1 Pourcentage de *K.pneumoniae* dans différents hôpitaux

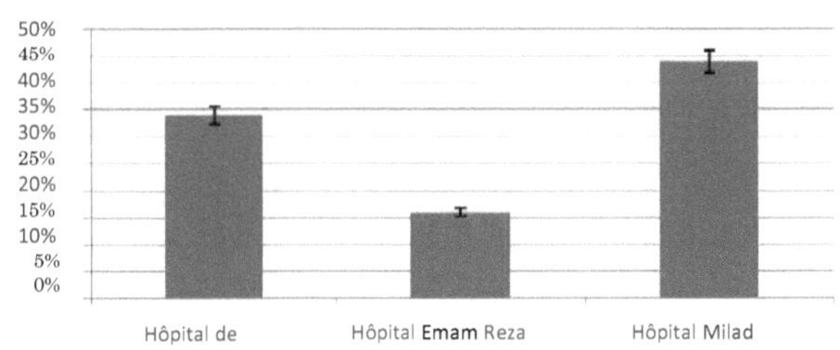

En outre, 1,98% (n=12), 0,66% (n=4) et 2,47% (n=15) de *K. oxytoca* ont été obtenus à partir de

Les hôpitaux de Ilam, Tabriz et Téhéran, respectivement.

La fréquence de *K.pneumoniae* dans les différentes parties des hôpitaux est indiquée dans le tableau 4.1

Tableau 4.1 Fréquence de *K.pneumoniae* dans les hôpitaux Emam Reza, Milad et Ilam

	Klebsiella pneumoniae	UTI	Les services de	services de chirurgie	Lesion	RTI
Hôpitaux Ilam(Emam Khomeini,Ghaem,Mostafa Khomeini)	208 (34.26%)	109 (52.4%)	21 (10.09%)	16 (7.7%)	23 (11.06%)	39 (18.75%)
Hôpital de Tabriz (Emam reza Hôpital)	103 (16.96%)	45 (43.69%)	14 (13.59%)	8 (7.77%)	12 (11.65%)	24 (23.3%)
Téhéran (Hôpital Milad)	265 (43.65%)	134 (50.56%)	32 (12.07%)	26 (9.82%)	23 (8.68%)	50 (18.86%)

Le tableau 4.2 indique le pourcentage de *K.oxytoca dans les* différents hôpitaux et les

différentes parties des hôpitaux.

Tableau 4.2 Fréquence du *K.oxytoca* dans les hôpitaux Emam Reza, Milad et Ilam

	Klebsiella oxytoca	UTI	Icus	services de chirurgie	lésion	RTI
Hôpitaux Ilam(Emam Khomeini,Ghaem,Mostafa Khomeini)	12 (1.98%)	0	0	2 (16.67%)	2 (16.67%)	8 (66.66%)
Hôpital de Tabriz (Hôpital Emam reza)	4 (0.66%)	0	0	1 (25%)	0	3 (75%)
Téhéran (Hôpital Milad)	15 (2.47%)	0	0	2 (13.33%)	1 (6.67%)	12 (80%)

4.1 Les hôpitaux Ilam

K.pneumoniae

Sur les deux cent huit isolats cliniques de *K. pneumoniae prélevés à* Ilam

les hôpitaux, 52,4% (n=109), 10,09% (n=21), 7,7% (n=16), 11,06% (n=23) et 18,75% (n=39)

provenaient respectivement de l'UTI, des unités de soins intensifs, des services de chirurgie,
des infections de lésions et des ITG (figure 4.2).

Figure 4.2 *K.pneumoniae* in Ilam hospitals

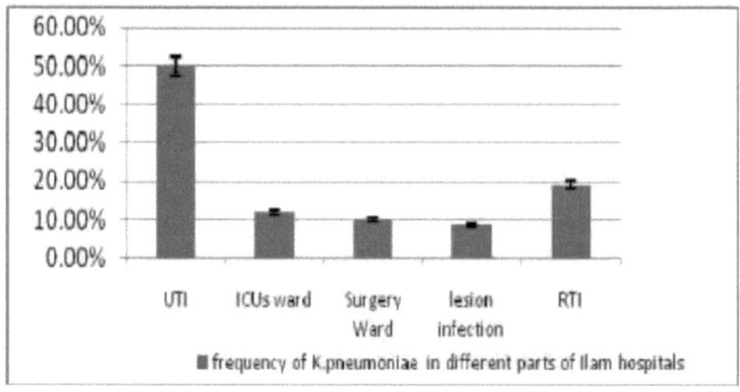

Dans cette étude, en général 47,1%, 43,2%, 53,3%, 38,4% et 36,5% des isolats étaient

résistants à la ceftazidime, à la céfotaxime, au cefteriaxon, à la cefpodoxime et à l'aztréonam,

respectivement (tableau 4.3). La confirmation de Cac, Cec et Cepc était de 31,7 %, 8,7 % et

36,5 % respectivement. En outre, les résultats ont montré qu'une confirmation significative a été obtenue pour le Cepc (annexe 1). Les résultats ont montré que 36,5 % (n=76) des isolats étaient positifs pour les ESBL.

I Tableau 4.3 Résistance aux antibiotiques de la troisième génération de céphalosporines et d'aztréonam dans les hôpitaux de l'Ilam

Les hôpitaux Ilam	*K.pneum oniae*	Ca	Ce	Ci	Cep	Ao
Total	208	102	90	111	80	76
	(100%)	(49%)	(43.2%)	(53.3%)	(38.4%)	(36.1%)

Sur les soixante-quinze *K.pneumoniae* produisant des ESBL, 7,9% étaient résistants à l'amikacine, 4% à la ciprofloxacine et 12% au cotrimoxazol. Cette analyse a montré que la résistance aux antibiotiques non bêta-lactamines parmi les *K.pneumoniae* produisant des BLSE et la résistance au cotrimoxazol étaient plus importantes que dans les autres (tableau 4.4) (annexe 2).

Tableau 4.4 Effet des antibiotiques non bêta-lactamines sur les ESBL produisant des *K.pneumoniae*

K.pneumoniae la production d'ESBL	Ak	Cf.	Co	I
	7	3	9	0
Total76	(9.21%)	(3.94%)	(11.74%)	

4.1.1 Stade de dépistage de *K.pneumoniae*

Sur les cent neuf *K. pneumoniae* isolés de patients souffrant d'infections urinaires, 16,52 % (n=18) ont été obtenus au printemps, 12,85 % (n=14) en été, 33,94 % (n=37) en automne et 36,69 % (n=40) en hiver. Sur les dix-huit *K. pneumoniae* isolés au printemps, 38,88 % (n=7) étaient résistants à l'aztréonam, 38,88 % (n=7) à la cefpodoxime, 50 % (n=9) à la cefteriaxone,

66,66 % (n=12) à la cefotaxime et 38,88 % (n=7) à la ceftazidime. Au stade du dépistage au printemps, 38,88 % (n=7) étaient soupçonnés de produire des BLSE. Sur les quatorze *K. pneumoniae* isolés en été, 21,42 % (n=3) étaient résistants à l'aztéronam, 21,42 % (n=3) à la cefpodoxime, 42,85 % (n=6) à la cefteriaxone, 21,42 % (n=3) à la cefotaxime et 21,42 % (n=3) à la ceftazidime. Au stade du dépistage en été, 21,42 % (n=3) étaient soupçonnés de produire des BLSE. Sur les 35 *K. pneumoniae* isolés en automne, 32,43 % (n=12) étaient résistants à l'aztéronam, 32,43 % (n=12) à la cefpodoxime, 37,83 % (n=14) à la cefteriaxone, 48,64 % (n=18) à la cefotaxime et 40,54 % (n=15) à la ceftazidime. Ainsi, au stade du dépistage en automne, 32,43 % (n=12) étaient soupçonnés de produire des BLSE. Sur les quarante *K. pneumoniae* isolés en hiver,

52.5 % (n=21) se sont montrés résistants à l'aztéronam, 55 % (n=22) au cefpodoxime, 77,5 % (n=31) à la cefteriaxone, 55 % (n=22) au cefotaxime et 62,5 % (n=25) à la ceftazidime. Par conséquent, au stade du dépistage en hiver, 52,5 % (n=21) étaient soupçonnés de produire des BLSE (tableau 4.5) (figure 4.3).

Tableau 4.5 Stade de dépistage pour la détection de *K.pneumoniae* produisant des ESBL chez les patients souffrant d'IU dans les hôpitaux d'Ilam

	K.pneumoniae	Ca	Ce	Ci	Cep	Ao
Printemps	18 (16.52%)	7 (38.88%)	12 (66.66%)	9 (50%)	7 (38.88%)	7 (38.88%)
Été	14 (12.85%)	3 (21.42%)	3 (21.42%)	6 (42.85%)	3 (21.42%)	3 (21.42%)
Automne	37 (33.94%)	15 (40.54%)	18 (48.64%)	14 (37.83%)	12 (32.43%)	12 (32.43%)
Hiver	40 (36.69%)	25 (62.5%)	22 (55%)	31 (77.5%)	22 (55%)	21 (52.5%)
Total	**109 (100%)**	**48 (44%)**	**55 (50.45%)**	**60 (55%)**	**44 (40.3%)**	**43 (39.4%)**

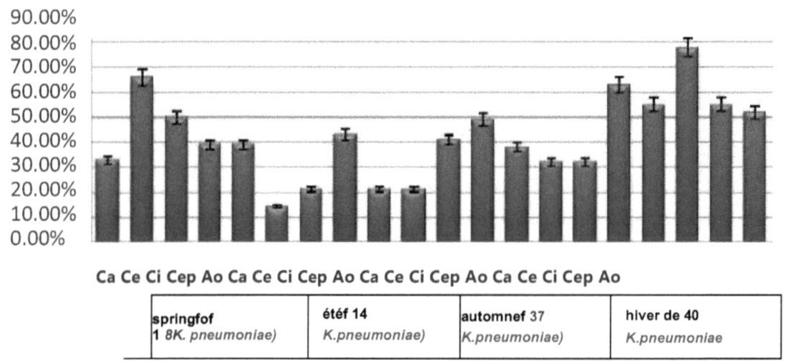

Sur les vingt et un *K. pneumoniae* isolés chez les patients des unités de soins intensifs, 23,8% (n=5) ont été obtenus au printemps, 14,28% (n=3) en été, 23,8% (n=5) en automne et 38,09% (n=8) en hiver. Sur les cinq *K. pneumoniae* recueillis au printemps, 0,00 %, 20 % (n=1), 40 % (n=2), 0,00 % et 20 % (n=1) étaient résistants à l'aztréonam, à la cefpodoxime, à la cefteriaxone, à la cefotaxime et à la ceftazidime respectivement. Au stade du dépistage au printemps, aucun *K. pneumoniae* suspecté de produire des ESBL n'a été trouvé. Sur les trois *K. pneumoniae* isolés en été, aucune résistance aux antibiotiques n'a été observée. Sur les cinq *K. pneumoniae isolés en* automne, 20 % (n=1), 40 % (n=2), 40 % (n=2), 20 % (n=1) et 80 % (n=4) étaient résistants à l'aztréonam, à la cefpodoxime, à la cefteriaxone, à la cefotaxime et à la ceftazidime, respectivement. Ainsi, au stade du dépistage en automne, 20 % (n=1) étaient soupçonnés de produire des BLSE. Sur les huit *K. pneumoniae* isolés en hiver, 12,5% (n=1), 12,5% (n=1), 25% (n=2), 25% (n=2) et 25% (n=2) ont révélé une résistance à l'aztréonam, à la cefpodoxime, à la cefteriaxone, à la cefotaxime et à la ceftazidime, respectivement. Par conséquent, au stade du criblage en hiver, 12,5 % (n=1) étaient soupçonnés de produire des BLSE (tableau 4.6) (figure

4.4).

Tableau 4.6 Stade de dépistage pour la détection des ESBL produisant *K.pneumoniae* chez les patients admis dans les unités de soins intensifs des hôpitaux d'Ilam

	K.pneumoniae	Ca	Ce	Ci	Cep	Ao
Printemps	5 (23.8%)	1 (20%)	0	2 (40%)	1 (20%)	0
Été	3 (14.28%)	0	0	0	0	0
Automne	5 (23.8%)	4 (80%)	1 (20%)	2 (40%)	2 (40%)	1 (20%)
Hiver	8 (38.09%)	2 (25%)	2 (25%)	2 (25%)	1 (12.5%)	1 (12.5%)
Total	**21 (100%)**	**7 (33%)**	**3 (14.2%)**	**6 (28.6%)**	**4 (19%)**	**2 (9.5%)**

I Figure 4.4 Stade de dépistage de *K.pneumoniae* isolé chez les patients admis dans les unités de soins intensifs des hôpitaux d'Ilam

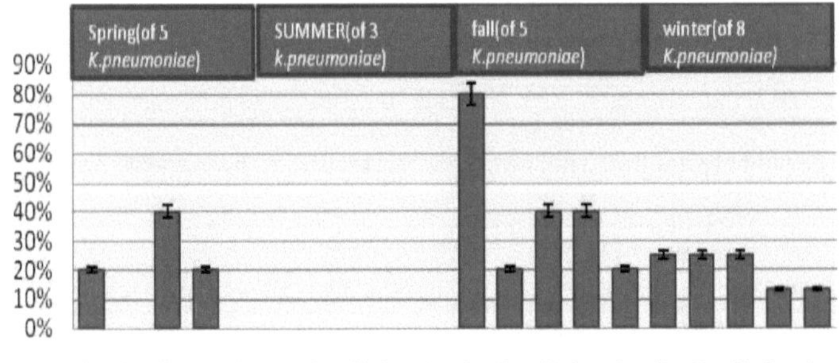

Seize *K. pneumoniae* ont été trouvés chez des patients dans des services de chirurgie, dont 18,75 % (n=3), 25 % (n=4), 31,25 % (n=5) et 25 % (n=4) ont été obtenus au printemps, en été, en automne et en hiver, respectivement. Sur les trois *K. pneumoniae* isolés au printemps, 33,33 %

(n=1) des isolats présentaient une résistance similaire à la cefteriaxone et à la ceftazidime, alors qu'il n'y avait aucune résistance aux autres antibiotiques. Les résultats ont montré qu'il n'y avait pas de *K. pneumoniae* suspecté de produire des ESBL. Sur les quatre *K. pneumoniae* isolés en été, 50% (n=2), 50% (n=2), 25% (n=1), 75% (n=3) et 50% (n=2) étaient résistants à l'aztréonam, à la cefpodoxime, à la cefteriaxone, à la cefotaxime et à la ceftazidime, respectivement. Ainsi, au stade du dépistage en été, 50 % (n=2) étaient soupçonnés de produire des BLSE. Sur les cinq *K. pneumoniae* en automne, 60% (n=3), 60% (n=3), 40% (n=2), 80% (n=4) et 60% (n=3) ont montré une résistance à l'aztréonam, à la cefpodoxime, à la cefteriaxone, à la cefotaxime et à la ceftazidime, respectivement. Ainsi, au stade du dépistage en automne, 60 % (n=3) étaient soupçonnés de produire des BLSE. Quatre *K. pneumoniae* ont été obtenus en hiver, dont 25% (n=1), 25% (n=1), 50% (n=2), 25% (n=1) et 25% (n=1) étaient résistants à l'aztréonam, la cefpodoxime, la cefteriaxone, la cefotaxime et la ceftazidime, respectivement. Par conséquent, au stade du dépistage en hiver, 25 % (n=1) étaient soupçonnés de produire des BLSE (tableau 4.7) (figure 4.5).

Tableau 4.7 Stade de dépistage pour la détection des ESBL produisant *K.pneumoniae* chez les patients admis dans les services de chirurgie des hôpitaux d'Ilam

	K.pneumoniae	Ca	Ce	Ci	Cep	Ao
Printemps	3 (18.75%)	1 (33.33%)	0	1 (33.33)	0	0
Été	4 (25%)	2 (50%)	3 (75%)	1 (25%)	2 (50%)	2 (50%)
Automne	5 (31.25%)	3 (60%)	4 (80%)	2 (40%)	3 (60%)	3 (60%)
Hiver	4 (25%)	1 (25%)	1 (25%)	2 (50%)	1 (25%)	1 (25%)
Total	16 (100%)	6 (37.5%)	8 (50%)	6 (37.5%)	6 (37.5%)	6 (37.5%)

Figure 4.5 Stade de dépistage de *K.pneumoniae* isolé chez les patients admis dans les services de chirurgie des hôpitaux d'Ilam

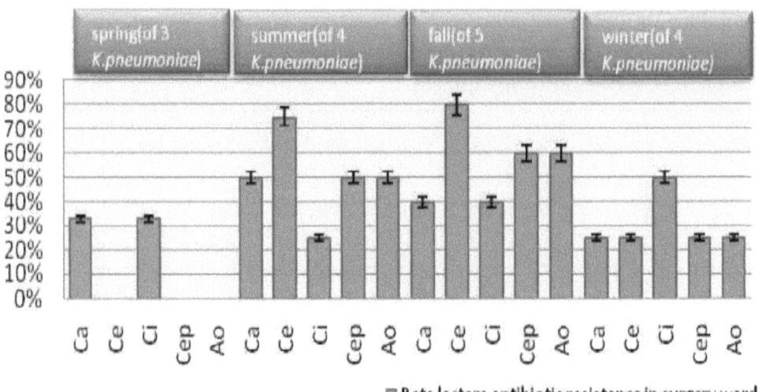

Sur les vingt-trois *K. pneumoniae* isolés de patients présentant des infections de lésions, 20,08 % (n=6), 30,43 % (n=7), 21,73 % (n=5) et 21,73 % (n=5) ont été obtenus au printemps, en été, en automne et en hiver, respectivement. Sur les six *K.pneumoniae* isolés au printemps, 16,7 % (n=1) étaient résistants à l'aztréonam, 16,7 % (n=1) à la cefpodoxime et 16,7 % (n=1) à la ceftazidime. Cependant, ils étaient tous sensibles à la ceftériaxone et au cefotaxime. Par conséquent, au stade du dépistage au printemps, 16,7 % (n=1) étaient soupçonnés de produire des BLSE. Sur les sept *K. pneumoniae* isolés en été, 42,85% (n=3), 42,85% (n=3), 42,85% (n=3), 71,42% (n=5) et 57,14% (n=4) ont montré une résistance à l'aztréonam, au cefpodoxime, à la cefteriaxone, au cefotaxime et au ceftazidime, respectivement. Ainsi, au stade du dépistage en été, 42,85 % (n=3) étaient soupçonnés de produire des BLSE. Sur les cinq *K. pneumoniae* isolés en automne, 40% (n=2), 40% (n=2), 60% (n=3), 20% (n=1), et 40% (n=2) étaient résistants à l'aztréonam, à la cefpodoxime, à la cefteriaxone, à la cefotaxime et à la ceftazidime, respectivement. Ainsi, au stade du dépistage à l'automne, 40 % (n=2) étaient soupçonnés de produire desLESB. Sur les cinq *K. pneumoniae* isolés en hiver, 40% (n=2), 40% (n=2), 80% (n=4), 60% (n=3) et 100% (n=5) ont été trouvés résistants à l'aztéronam, à la cefpodoxime, à la cefteriaxone, à la cefotaxime et à la ceftazidime, respectivement. Par conséquent, au stade du criblage en hiver, 40 % (n=2) étaient soupçonnés de produire des BLSE (tableau 4.8) (figure 4.6).

Tableau 4.8 Stade de dépistage pour la détection de *K.pneumoniae* produisant des ESBL chez les patients atteints d'une infection lésionnelle dans les hôpitaux d'Ilam

K.pneumoniae	Ca	Ce	Ci	Cep	Ao
Printemp	6 (26.08%)	1 (16.7%)	0	0	1 (16.7%)	1 (16.7%)
Été	7 (30.43%)	4 (57.14%)	5 (71.42%)	3 (42.85%)	3 (42.85%)	3 (42.85%)
Automne	5 (21.73%)	2 (40%)	1 (20%)	3 (60%)	2 (40%)	2 (40%)
Hiver	5 (21.73%)	5 (100%)	3 (60%)	4 (80%)	2 (40%)	2 (40%)
Total	23 (100%)	12 (52.1%)	9 (39.1%)	10 (43.4%)	8 (34.7%)	8 (34.7%)

Figure 4.6 Stade de dépistage de *K.pneumoniae* isolé chez les patients atteints d'une infection lésionnelle dans les hôpitaux d'Ilam

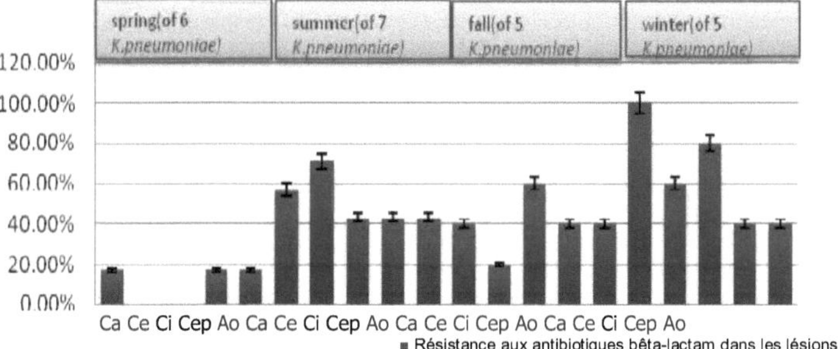

Sur les trente-neuf *K. pneumoniae* isolés de patients atteints d'ITG, 23,1 % (n=9) ont été trouvés au printemps, 12,82 % (n=5) en été, 20,51 % (n=8) en automne et 43,59 % (n=17) en hiver. Sur les neuf *K. pneumoniae* isolés au printemps, 33,4 % (n=3), 33,4 % (n=3), 55,5 % (n=5), 22,3 % (n=2) et 66,7 % (n=6) étaient résistants à l'aztréonam, à la cefpodoxime, à la cefteriaxone, à la cefotaxime et à la ceftazidime, respectivement. Par conséquent, au stade du dépistage au printemps, 33,4 % (n=3) étaient soupçonnés de produire des BLSE. Sur les cinq *K. pneumoniae* isolés en été, 20% (n=1), 20% (n=1), 60% (n=3), 20% (n=1) et 40% (n=2) ont montré une résistance à l'aztréonam, à la cefpodoxime, à la cefteriaxone, à la cefotaxime et à la ceftazidime, respectivement. Ainsi, au stade du criblage en été, 20 % (n=1) étaient soupçonnés de produire des BLSE. Sur les huit *K. pneumoniae* isolés en automne, 50% (n=4), 62,5% (n=4), 87,5% (n=7), 75% (n=6) et 75% (n=7) ont été trouvés résistants à l'aztréonam, à la cefpodoxime, à la cefteriaxone, à la cefotaxime et à la ceftazidime, respectivement. Au stade du dépistage en automne, 50 % (n=4) étaient soupçonnés de produire des BLSE. Sur les dix-sept *K. pneumoniae* isolés en hiver, 52,9% (n=9), 52,9% (n=9), 82,35% (n=14), 35,3% (n=6) et 64,7% (n=11) ont montré une résistance à l'aztéronam, à la cefpodoxime, à la cefteriaxone, à la cefotaxime et à la ceftazidime, respectivement. Par conséquent, au stade du dépistage en hiver, 52,9 % (n=9) étaient soupçonnés de produire des BLSE (tableau 4.9) (figure 4.7).

Tableau 4.9 Stade de dépistage pour la détection de *K.pneumoniae* produisant des ESBL chez les patients atteints d'ITG dans les hôpitaux d'Ilam

	K.pneumoniae	Ca	Ce	Ci	Cep	Ao
Printemp	9 (23.1%)	6 (66.7%)	2 (22.3%)	5 (55.5%)	3 (33.4%)	3 (33.4%)
Été	5 (12.82%)	2 (40%)	1 (20%)	3 (60%)	1 (20%)	1 (20%)
Automne	8 (20.51%)	6 (75%)	6 (75%)	7 (87.5%)	5 (62.5%)	4 (50%)
Hiver	17 (43.59%)	11 (64.7%)	6 (35.3%)	14 (82, 35%)	9 (52.9%)	9 (52.9%)
Total	39 (100%)	25 (64%)	15 (38.4%)	29 (74.3%)	18 (46.1%)	17 (43.58%)

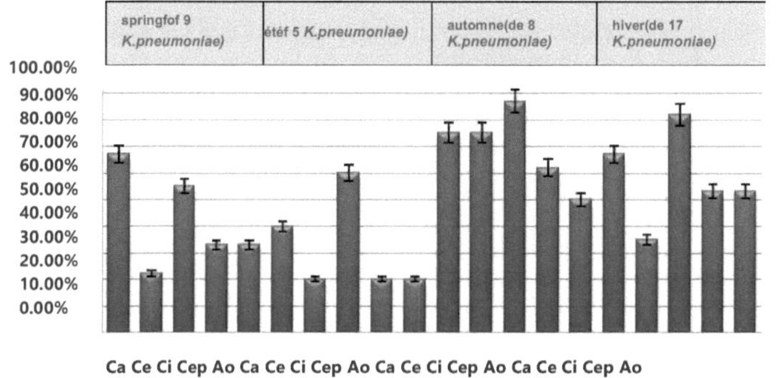

4.1.2 Confirmation du stade de *K.pneumoniae*

L'étape de confirmation a été menée pour s'assurer que *K. pneumoniae* pouvait être considéré comme l'agent produisant des ESBL au stade du dépistage.

Sur les cent neuf isolats cliniques de *K. pneumoniae,* prélevés sur des patients souffrant d'infections urinaires, 38,53% (n=43) ont été suspectés de produire des BLSE au stade du dépistage. 16,3% (n=7) des isolats prélevés ont été obtenus au printemps, 7% (n=3) en été, 27,9% (n=12) en automne et 48,8% (n=21) en hiver. Sur les sept *K. pneumoniae* suspectés de produire des BLSE au stade du dépistage au printemps, 100 % (n=7), 28,6 % (n=2) et 100 % (n=7) ont été confirmés par la ceftazidime/acide clavulanique, la cefotaxime/acide clavulanique et la cefpodoxime/acide clavulanique, respectivement, au stade de la confirmation. Sur les trois *K. pneumoniae* suspectés de produire des BLSE au stade du dépistage en été, 100 % (n=3), 33,3 % (n=1) et 100 % (n=3) ont été confirmés par la ceftazidime/acide clavulanique, la cefotaxime/acide clavulanique et la cefpodoxime/acide clavulanique, respectivement, au stade de la confirmation.

Sur les douze *K. pneumoniae* suspectés de produire des BLSE au stade du dépistage en automne, 83,3% (n=10), 16,7% (n=2) et 100% (n=12) ont été confirmés par la ceftazidime/acide clavulanique, la cefotaxime/acide clavulanique et la cefpodoxime/acide clavulanique respectivement, au stade de la confirmation. Sur les vingt et un *K. pneumoniae* suspectés de produire des BLSE au stade du dépistage en hiver, 76,9 % (n=16), 33,3 % (n=7) et 100 % (n=21) ont été confirmés par la ceftazidime/acide clavulanique, la céfotaxime/acide clavulanique et la cefpodoxime/acide clavulanique au stade de la confirmation (tableau 4.10) (figure 4.8).

Tableau 4.10 Confirmation du stade et de l'effet des antibiotiques non bêta-lactamines sur les ESBL produisant des *K.pneumoniae chez les* patients atteints d'IU dans les hôpitaux d'Ilam

	KPSPE	Cac	Cec	Cepc	Ak	Cf.	Co	I
Printemps	7 (16.3%)	7 (100%)	2 (28.6%)	7 (100%)	0	0	0	0
Été	3 (7%)	3 (100%)	1 (33.3%)	3 (100%)	0	0	0	0
Automne	12 (27.9%)	IO (83.3%)	2 (16.7%)	12 (100%)	1 (8.3%)	0	0	0
Hiver	21 (48.8%)	16 (76.9%)	7 (33.3%)	21 (100%)	2 (9.52%)	1 (4.76%)	1 (4.76%)	0
Total	43 (100%)	36 (83.7%)	12 (27.9%)	43 (100%)	3 (9.6%)	1 (2.3%)	1 (2.3%)	0

Sur les 21 *K. pneumoniae prélevés sur les* patients des unités de soins intensifs, 9,52% (n=2) étaient suspectés de produire des BLSE au stade du dépistage. En automne, 50 % (n=1) des isolats ont été obtenus et en hiver, les 50 % restants (n=1). Les deux ont été confirmés par la ceftazidime/acide clavulanique et la cefpodoxime/acide clavulanique au stade de la confirmation (tableau 4.11) (figure 4.9).

Tableau 4.11 Confirmation du stade et de l'effet des antibiotiques non bêta-lactamines sur les ESBL productrices de *K.pneumoniae* isolées chez les patients des unités de soins intensifs des hôpitaux d'Ilam

	KPSPE	Cac	Cec	Cepc	Ak	Cf.	Co	I
Automne	1 (50%)	1 (100%)	0	1 (100%)	0	0	0	0
Hiver	1 (50%)	1 (100%)	0	1 (100%)	0	0	0	0
Total	2 (100%)	2 (100%)	0	2 (100%)	0	0	0	0

Sur les seize *K. pneumoniae prélevés* chez les patients admis en salle d'opération, 37,5 % (n=6) étaient soupçonnés de produire des ESBL au stade du dépistage. Les isolats ont été obtenus à 33,3 % (n=2) en été, 50 % (n=3) en automne et 16,7 % (n=1) en hiver. Tous ont été confirmés par la ceftazidime/acide clavulanique et la cefpodoxime/acide clavulanique au stade de la confirmation (tableau 4.12) (figure 4.10).

Tableau 4.12 Confirmation du stade et de l'effet des antibiotiques non bêta-lactamines sur les ESBL productrices de *K.pneumoniae* isolées chez les patients des services de chirurgie des hôpitaux d'Ilam

	KPSPE	Cac	Cec	Cepc	Ak	Cf.	Co	I
Été	2 (33.3%)	2 (100%)	0	2 (100%)	0	0	0	0
Automne	3 (50%)	3 (100%)	0	3 (100%)	0	0	0	0
Hiver	1 (16.7%)	1 (100%)	0	1 (100%)	0	0	0	0
Total	6 (100%)	6 (100%)	0	6 (100%)	0	0	0	0

Vingt-et-un isolats de *K. pneumoniae* ont été collectés chez des patients présentant des infections de lésions, dont 38,1% (n=8) étaient soupçonnés de produire des ESBL au stade du dépistage. Ils ont été obtenus à 12,5 % (n=1), 37,5 % (n=3), 25 % (n=2) et 25 % (n=2) au printemps, en été, en automne et

l'hiver, respectivement. Tous ont été confirmés par la ceftazidime/acide clavulanique et cefpodoxime/acide clavulanique au stade de la confirmation (tableau 4.13) (figure 4.11).

Tableau 4.13 Confirmation du stade et de l'effet des antibiotiques non bêta-lactamines sur les ESBL productrices de *K.pneumoniae* isolées chez des patients atteints d'une infection lésionnelle dans les hôpitaux d'Ilam

	KPSPE	Cac	Cec	Cepc	Ak	Cf.	Co	I
Printemps	1 (12.5%)	1 (100%)	0	1 (100%)	0	0	0	0
Été	3 (37.5%)	3 (100%)	1 (33.3%)	3 (100%)	1 (33.3%)	0	1 (33.3%)	0
Automne	2 (25%)	2 (100%)	0	2 (100%)	0	0	0	0
Hiver	2(25%)	2 (100%)	0	2 (100%)	0	0	0	0
Total	**8 (100%)**	**8 (100%)**	**1 (12.5%)**	**8 (100%)**	**1 (12.5%)**	**0**	**1 (12.5%)**	**0**

Sur les trente-neuf *K. pneumoniae* isolés chez des patients atteints d'ITG, 43 % (n=17) étaient soupçonnés de produire des BLSE au stade du dépistage. Elles ont été obtenues à 17,6 % (n=3), 5,9 % (n=1), 23,5 % (n=4) et 52,9 % (n=9) au printemps, en été, en automne et en hiver, respectivement. Sur les trois *K. pneumoniae* suspectés de produire des BLSE au printemps, 100 % (n=3), 33,3 % (n=1) et 100 % (n=3) ont été confirmés par la ceftazidime/acide clavulanique, la cefotaxime/acide clavulanique et la cefpodoxime/acide clavulanique, respectivement, au stade de la confirmation. Un *K. pneumoniae* suspecté de produire des ESBL, obtenu en été, a été confirmé par la ceftazidime/acide clavulanique et la cefpodoxime/acide clavulanique au stade de confirmation. Sur les quatre *K. pneumoniae suspectés de produire des BLSE en automne*, 75% (n=3), 25% (n=1) et 100% (n=4) ont été confirmés par la ceftazidime/acide clavulanique, la cefotaxime/acide clavulanique et la cefpodoxime/acide clavulanique, respectivement au stade de la confirmation. Sur les neuf *K. pneumoniae* suspectés de produire des BLSE en hiver, 66,6% (n=6), 44,5% (n=4) et 100% (n=9) ont été confirmés par la ceftazidime/acide clavulanique, la cefotaxime/acide clavulanique et la cefpodoxime/acide clavulanique, respectivement au stade de la confirmation (tableau 4.14) (figure 4.12).

Tableau 4.14 Confirmation du stade et de l'effet des antibiotiques non bêta-lactamines sur

K.pneumoniae produisant des ESBL isolées chez des patients atteints d'une ITG dans les hôpitaux d'Ilam

	KPSPE	Cac	Cec	Cepc	Ak	Cf.	Co	I
Printemps	3 (17.6%)	3 (100%)	1 (33.3%)	3 (100%)	1 (33.3%)	0	2 (66.6%)	0
Résumér	1 (5.9%)	1 (100%)	0	1 (100%)	0	0	0	0
Automn	4 (23.5%)	3 (75%)	1 (25%)	4 (100%)	0	0	2 (50%)	0
Hiver	9 (52.9%)	6 (66.6%)	4 (44.5%)	9 (100%)	2 (22.2%)	2 (22.2%)	3 (33.3%)	0
Total	**17 (100%)**	**13 (76.4%)**	**6 (35.2%)**	**17 (100%)**	**3 (17.6%)**	**2 (11.76%)**	**7 (41.17%)**	**0**

4.1.3 Effets des antibiotiques non bêta-lactamines sur les ESBL productrices de _K. pneumoniae_

Toutes les ESBL productrices de _K. pneumoniae_ isolées de patients atteints d'infections urinaires au printemps et en été étaient sensibles aux antibiotiques non bêta-lactamines. Néanmoins, sur les douze _K. pneumoniae produisant des ESBL isolées chez les_ patients en automne, 8,3 % (n=1) ont montré une résistance à l'amikacine, tandis que sur les vingt-et-un _K. pneumoniae produisant des ESBL en_ hiver,

9.5 (n=2), 4,76 % (n=1) et 4,76 % (n=1) étaient respectivement résistants à l'amikacine, à la ciprofloxacine et au cotrimoxazol (tableau 4.15) (figure 4.8).

Figure 4.8 Confirmation du stade et de la résistance aux antibiotiques non bêta-lactamines chez *K. pneumoniae* isolé chez des patients souffrant d'IU dans les hôpitaux d'Ilam

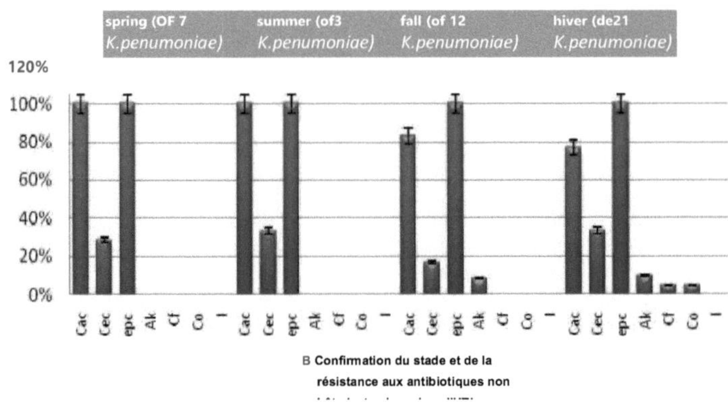

Les ESBL productrices de *K. pneumoniae* isolées chez les patients des unités de soins intensifs étaient sensibles à tous les antibiotiques non bêta-lactamines utilisés dans cette étude (tableau 4.16) (figure 4.9).

Figure 4.9 Confirmation du stade et de la résistance aux antibiotiques non bêta-lactamines chez *K. pneumoniae* isolée chez des patients admis dans les unités de soins intensifs des hôpitaux d'Ilam

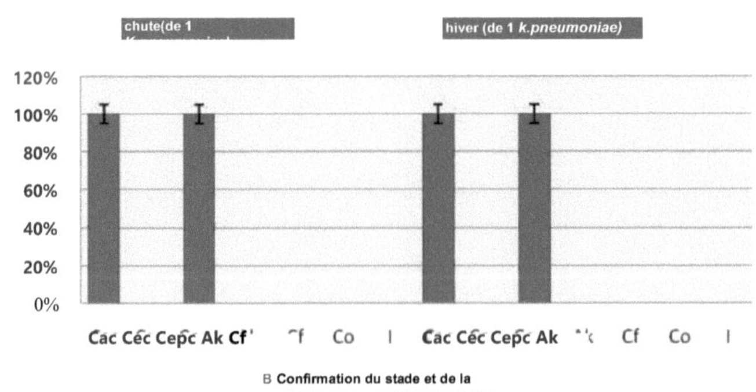

Les ESBL productrices de *K. pneumoniae* isolées chez les patients des services de chirurgie étaient sensibles à tous les antibiotiques non bêta-lactamines utilisés dans cette recherche (Tableau 4.17) (Figure

4.10). **Figure 4.10 Confirmation du stade et de la résistance aux non-bêta-lactam**

antibiotiques chez *K. pneumoniae* isolés chez des patients admis dans les services de chirurgie des hôpitaux d'Ilam

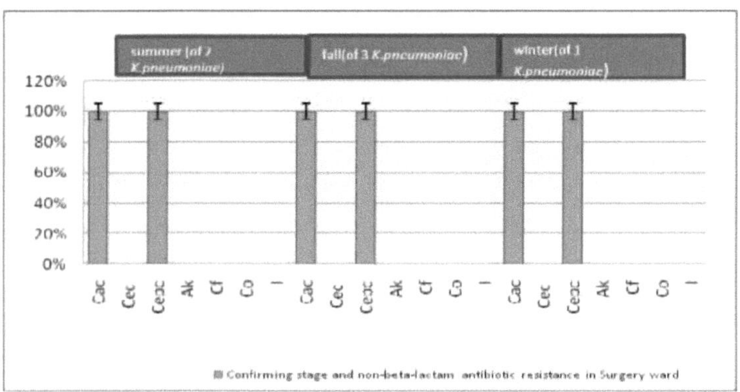

Les ESBL productrices de *K. pneumoniae* isolées chez des patients présentant des infections de lésions en automne et en hiver étaient sensibles à tous les antibiotiques non bêta-lactamines utilisés dans cette étude. Sur les trois *K. pneumoniae produisant des ESBL en* été, seuls 33,3 % (n=1) et 33,3 % (n=1) ont montré une résistance à l'amikacine et au cotrimoxazol (tableau 4.17) (figure 4.11).

Figure 4.11 Confirmation du stade et de la résistance aux antibiotiques non bêta-lactamines chez *K. pneumoniae* isolée chez des patients présentant des infections lésionnelles dans les hôpitaux d'Ilam

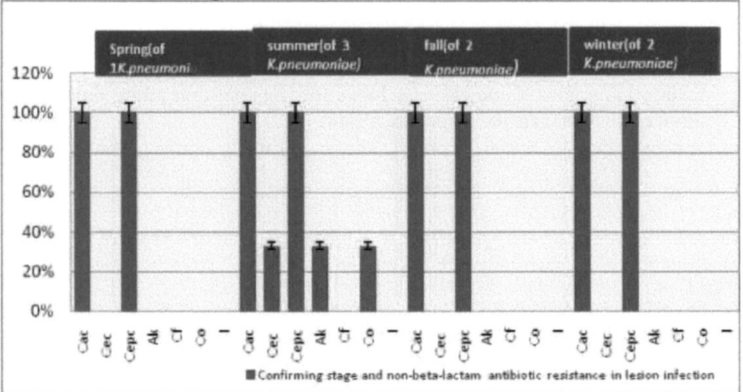

Sur les trois *K. pneumoniae* capables de produire des ESBL, isolés au printemps chez les patients atteints d'ITG, 33,3% (n=1) et 33,3% (n=1) étaient résistants à l'amikacine et au cotrimoxazol, respectivement. Aucune résistance aux antibiotiques non bêta-lactamines n'a été observée en été. Sur les quatre *K.pneumoniae* produisant des ESBL en automne, seuls 50% (n=2) étaient résistants au cotrimoxazol. Sur les neuf *K. pneumoniae produisant des BLSE en hiver*, 22,2% (n=2), 22,2% (n=2) et 33,3% (n=3) étaient résistants à l'amikacine, à la ciprofloxacine et au cotrimoxazol, respectivement (tableau 4.18) (figure 4.12).

Figure 4.12 Confirmation du stade et de la résistance aux antibiotiques non bêta-lactamines chez *K. pneumoniae* isolée chez des patients atteints d'ITG dans les hôpitaux d'Ilam

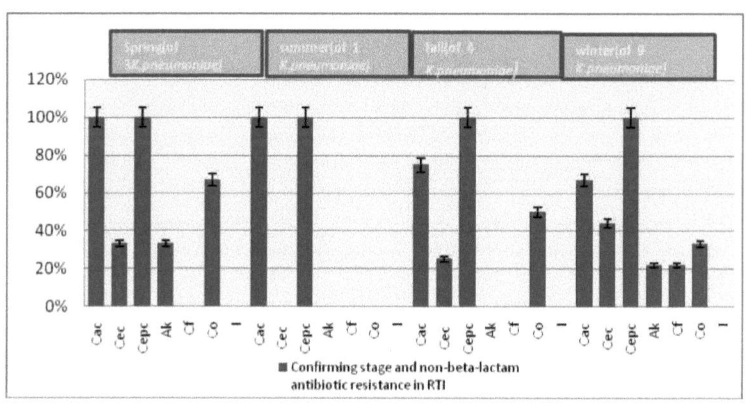

4.1.4 Résultats du PCR

Soixante-deux *K. pneumoniae* avec le blaSHV ont été obtenus dans cette étude, dont 52 % (n=32), 3,2 % (n=2), 9,8 % (n=6), 14,5 % (n=9) et 21,3 % (n=13) provenaient respectivement de patients souffrant d'infections urinaires, de patients dans des unités de soins intensifs et des salles de chirurgie, de patients souffrant d'infections de lésions et de patients souffrant d'infections urinaires. Les résultats ont également montré que sur les dix *K. pneumoniae* avec blaTEM, 80 % (n=8), 10 % (n=1) et 10 % (n=1) provenaient de patients souffrant d'infections urinaires, de patients admis dans les services de chirurgie et de patients souffrant d'infections urinaires aiguës, respectivement. Sur les quatorze *K. pneumoniae* avec blaCTX-M, 71,4% (n=10) et 35,7% (n=4) provenaient de patients souffrant d'infections urinaires et respiratoires, respectivement.

Sur les huit *K. pneumoniae* avec blaTEM provenant d'infections urinaires, 12,5% (n=1), 12,5% (n=1), 25% (n=2) et 50% (n=4) ont été obtenus au printemps, en été, en automne et en hiver, respectivement. sur les trente-deux *K. pneumoniae* avec blaSHV, 21,9% (n=7), 6,25% (n=2), 28,1% (n=9) et 43,75% (n=14) ont été trouvés au printemps, en été, en automne et en hiver, respectivement. Quant à *K. pneumoniae* avec blaCTX-M, 20 % (n=2), 10 % (n=1), 20 % (n=2) et 50 % (n=5) ont été trouvés au printemps, en été, en automne et en hiver, respectivement (tableau 4.15).

Tableau 4.15 Fréquence des blaTEM, SHV et CTX-M de *K.pneumoniae* produisant des ESBL isolées chez des patients souffrant d'IU dans les hôpitaux d'Ilam

	SHV	TEM	CTX-M
Printemps	7 (100%)	1 (14.2%)	2 (28.6%)
Été	2 (66.7%)	1 (33.3%)	1 (33.3%)
Automne	9 (75%)	2 (16.7%)	2 (16.7%)
Hiver	14 (66.7%)	4 (19%0	5 (23.8%)

Les résultats ont montré que les deux *K. pneumoniae* avec le blaSHV provenant des unités de soins intensifs étaient de même fréquence en automne et en hiver (50%) (tableau 4.16).

Tableau 4.16 Fréquence des blaTEM, SHV et CTX-M de *K.pneumoniae* produisant des ESBL isolées chez les patients des unités de soins intensifs des hôpitaux de l'Ilam

	SHV	TEM	CTX-M
Automne	1 (100%)	0	0
hiver	1 (100%)	0	0

Les résultats ont montré que, sur les six *K. pneumoniae* avec blaSHV provenant des services de chirurgie, 33,3% (n=20), 50% (n=3) et 16,7% (n=1) ont été obtenus respectivement en été, en automne et en hiver, tandis qu'un *K. pneumoniae* avec blaTEM a été isolé en automne (tableau 4.17).

Tableau 4.17 Fréquence des blaTEM, SHV et CTX-M de *K.pneumoniae* produisant des ESBL isolées chez les patients des services de chirurgie des hôpitaux d'Ilam

	SHV	TEM	CTX-M
Été	2 (100%)	0	0
Automne	3 (100%)	1 (33.3%)	0
Hiver	1 (100%)	0	0

Les résultats ont montré que le blaSHV n'a été trouvé que dans neuf *K. pneumoniae* isolés de patients présentant des infections de lésions, dont 22,3 % (n=2), 33,3 % (n=3), 22,3 % (n=2) et 22,3 % (n=2) ont été obtenus au printemps, en été, en automne et en hiver, respectivement (tableau 4.18).

Tableau 4.18 Fréquence des blaTEM, SHV et CTX-M de *K.pneumoniae* produisant des ESBL isolées chez des patients atteints d'infections lésionnelles dans les hôpitaux d'Ilam

	SHV	TEM	CTX-M
printemps	2 (100%)	0	0
été	3 (100%)	0	0
automne	2 (100%)	0	0
hiver	2(100%)	0	0

Les résultats ont montré que deux *K. pneumoniae* avec blaTEM ont été isolés de patients atteints d'ITG, dont l'un en automne et l'autre en hiver. Sur les treize *K. pneumoniae avec* blaSHV, 23% (n=3), 7,7% (n=1), 23% (n=3) et 46,3% (n=14) ont été obtenus au printemps, en été, en automne et en hiver, respectivement. Les résultats ont également montré que sur les quatre *K. pneumoniae* avec blaCTX-M, 20% (n=1), 20% (n=1) et 60% (n=3) ont été trouvés au printemps, en automne et en hiver, respectivement (tableau 4.19).

Les résultats ont généralement montré que sur les soixante-seize *K.pneumoniae* produisant des ESBL, 81,6%, 13,2%, 18,4% étaient positifs pour le blaSHV, blaTEM et blaCTX-M, respectivement. Il a également été constaté que 2,9 % des *K.pneumoniae produisant des* ESBL étaient positifs pour le blaSHV- blaCTX-M et le blaSHV-blaTEM (Annexe 1).

K. Ocytoca

Sur les douze *K.oxytoca* collectés dans les hôpitaux d'Ilam, 16,67% (n=2), 16,67% (n=2) et 66,66% (n=8) provenaient respectivement de patients admis dans les services de chirurgie, de patients présentant des lésions et d'infections des voies respiratoires. En général, la résistance à la ceftazidime, à la céfotaxime, à la cefteriaxone, à la cefpodoxime et à l'aztréonam était respectivement de 41,66 %, 16,66 %, 33,3 %, 25 % et 25 % (tableau 4.20).

Tableau 4.20 Troisième génération de céphalosporines et résistance à l'aztréonam de

K.*oxytoca* isolé dans les hôpitaux de l'Ilam

K.*oxytoca*	Ca	Ce	Ci	Cep	Ao
Total 12	**5**	**2**	**4**	**3**	**3**
	(41.66%)	**(16.66%)**	**(33.3%)**	**(25%)**	**(25%)**

4.1.5 Stade de dépistage de K.*oxytoca*

Sur les deux K.*oxytoca* isolés des patients dans les salles d'opération, 50% (n=1), 50% (n=1), 100% (n=2), 50% (n=1) et 100% (n=2) étaient résistants à l'aztréonam, la cefpodoxime, la cefteriaxone, la cefotaxime et la ceftazidime, respectivement. Par conséquent, au stade du criblage en hiver, 50% (n=1) des K.*oxytoca se sont* avérés capables de produire des BLSE (tableau 4.21) (figure 4.13).

Tableau 4.21 Stade de dépistage pour la détection des ESBL produisant du K.*oxytoca* chez les patients des services de chirurgie de l'hôpital d'Ilam

K.*oxytoca*	Ca	Ce	Ci	Cep	Ao
Hiver 2	2	1	2	1	1
	(100%)	(100%)	(50%)	(100%)	(50%)	(50%)

Figure 4.13 Stade de dépistage de la *K.oxytoca* isolée chez les patients admis dans les services de chirurgie des hôpitaux d'Ilam

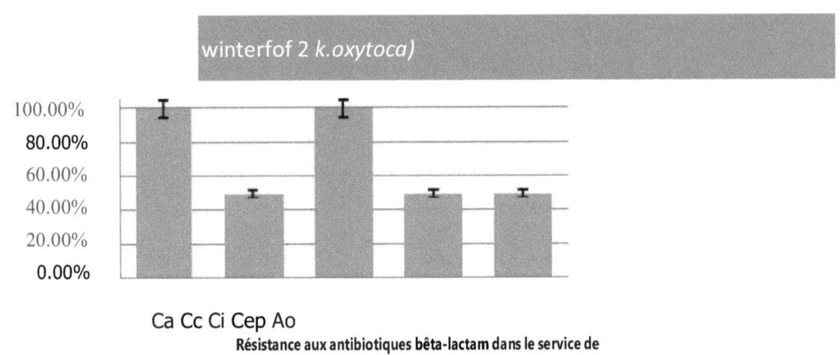

Les deux *K.oxytoca* isolés de patients présentant des infections de lésions en automne ne

montraient aucun signe de résistance à un antibiotique quelconque (tableau 4.22) (figure 4.14).

Tableau 4.22 Stade de dépistage pour la détection des ESBL produisant du *K.oxytoca* chez les patients présentant des infections de lésions dans les hôpitaux Ilam

K.oxytoca	Ca	Ce	Ci	Cep	Ao
Printemps 2 (100%)	0	0	0	0	0

Figure 4.14 Stade de dépistage de la *K.oxytoca* isolée chez les patients présentant une lésion

Infections dans les hôpitaux d'Ilam

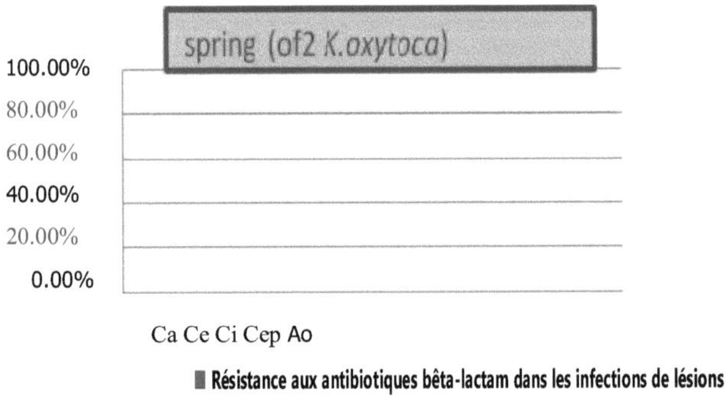

Sur les huit *K.oxytoca* isolés de patients atteints d'ITG, 32,5% (n=3) ont été obtenus en automne et 62,5% (n=5) en hiver. Sur les trois *K.oxytoca isolés en automne, 33,4% (*n=1), 33,4% (n=1), 33,4% (n=1) et 33,4% (n=1) étaient résistants à l'aztréonam, la cefpodoxime, la cefteriaxone et la ceftazidime, respectivement. Les résultats ont montré que tous les isolats étaient sensibles à la cefotaxime. Par conséquent, au stade du criblage en automne, 33,4 % (n=1) des *K.oxytoca se sont avérés* capables de produire des BLSE. Sur les cinq *K.oxytoca* isolés en hiver, 20% (n=1), 20% (n=1), 20% (n=1), 20% (n=1) et 40% (n=2) étaient résistants à l'aztréonam, à la cefpodoxime, à la cefteriaxone, à la cefotaxime et à la ceftazidime, respectivement. Par conséquent, au stade du dépistage en hiver, 20 % (n=1) des *K.oxytoca* étaient soupçonnés de pouvoir produire des BLSE (tableau 4.23) (figure 4.15).

Tableau 4.23 Stade de dépistage pour la détection des ESBL produisant du *K.oxytoca* chez les patients atteints d'une ITG dans les hôpitaux d'Ilam

	K.oxytoca	Ca	Ce	Ci	Cep	Ao
Automne	3	1 (33.4%)	0	1 (33.4%)	1 (33.4%)	1 (33.4%)
Hiver	5 (62.5%)	2 (40%)	1 (20%)	1 (20%)	1 (20%)	1 (20%)
Total	8 (100%)	3 (37.5%)	1 (12.5%)	2 (25%)	2 (25%)	2 (25%)

Figure 4.15   Stade de dépistage de la *K.oxytoca* isolée chez les patients atteints d'une IRT dans
Les hôpitaux Ilam

4.1.6 Confirmation du stade de *K.oxytoca*

Sur les deux *K.oxytoca prélevés sur les* patients dans les salles d'opération en hiver, 50%

(n=1) étaient soupçonnés de pouvoir produire des ESBL. Cela a été confirmé par le

ceftazidim/acide clavulanique et le cefpodoxime/acide clavulanique au stade de la

confirmation (tableau 4.24) (figure 4.16).

Tableau 4.24 Confirmation du stade et de l'effet des antibiotiques non bêta-lactamines sur les ESBL produisant du *K.oxytoca* isolées de patients dans les services de chirurgie des hôpitaux d'Ilam

	KOSPE	Cac	Cec	Cepc	Ak	Cf.	Co	I
hiver	1 (100%)	1 (100%)	0	1 (100%)	0	0	0	0

Figure 4.16 Confirmation du stade et de la résistance aux antibiotiques non bêta-lactamines dans le *K.oxytoca* isolé chez des patients admis dans les services de chirurgie des hôpitaux d'Ilam

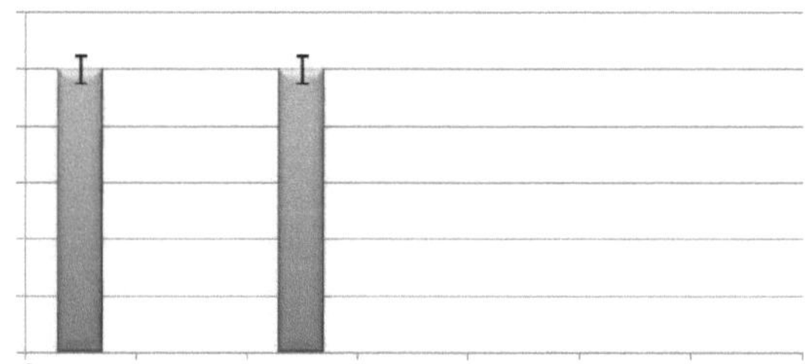

M Confirmation du stade et de la résistance aux antibiotiques non bêta-lactamines dans le service de chirurgie

Les résultats ont montré que sur les trois *K.oxytoca prélevés sur des* patients atteints d'une

ITG en automne, l'un d'entre eux était soupçonné de pouvoir produire des ESBL, ce qui a été

confirmé par la ceftazidime/acide clavulanique et la cefpodoxime/acide clavulanique au stade

de la confirmation. Sur les cinq *K.oxytoca* isolés de patients souffrant d'infections des voies respiratoires en hiver, un isolat a été confirmé par la ceftazidime/acide clavulanique et la

cefpodoxime/acide clavulanique au stade de confirmation (tableau 4.25) (figure 4.17).

Tableau 4.25 Confirmation du stade et de l'effet des antibiotiques non bêta-lactamines sur les ESBL produisant des *K.oxytoca* isolées chez des patients atteints d'ITG dans les hôpitaux d'Ilam

	KOSPE	Cac	Cec	Cepc	Ak	Cf.	Co	I
Automne	1 (50%)	1 (100%)	0	1 (100%)	0	0	0	0
Hiver	1 (50%)	1 (100%)	0	1 (100%)	0	0	0	0
Total	2 (100%)	2 (100%)	0	2 (100%)	0	0	0	0

Figure 4.17 Confirmation du stade et de la résistance aux antibiotiques non bêta-lactamines chez des *K.oxytoca* isolés chez des patients atteints d'ITG dans des hôpitaux d'Ilam

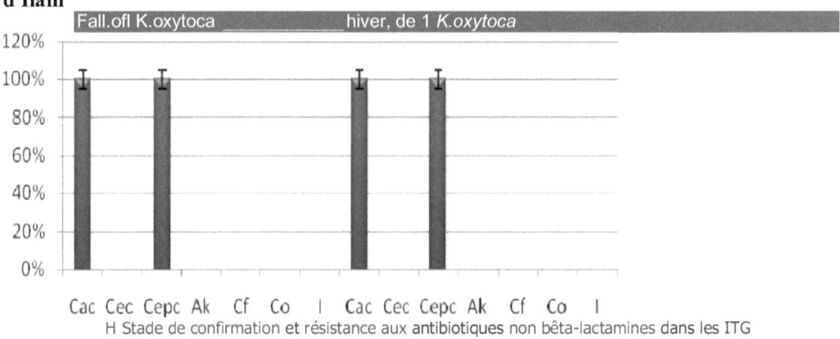

Les résultats ont montré que tous les ESBL produisant du *K.oxytoca* étaient sensibles aux

antibiotiques non bêta-lactamines.

4.1.7 Résultats du PCR

Trois ESBL productrices de *K.oxytoca* ont été trouvées aux stades phénotypiques, qui étaient

positives pour le blaSHV et négatives pour le blaTEM et le blaCTX-M.

4.2 Hôpital Milad

Deux cent soixante-cinq *K. pneumoniae* et quinze *K. oxytoca* ont été obtenus à partir de deux cent quatre-vingt *Klebsiella spp.*

K.pneumoniae

Dans cette étude, en général, 65,8%, 46,4%, 60,4%, 52% et 51,7% des isolats étaient résistants à la ceftazidime, à la céfotaxime, au cefteriaxon, à la cefpodoxime et à l'aztréonam, respectivement (tableau 4.26). Les résultats ont montré que 51,6 % de *K.pneumoniae* produit des ESBL. Sur les cent trente-sept *K. pneumoniae* produisant des BLSE, 35,8 %, 21,2 % et 38,7 % étaient résistants à l'amikacine, à la ciprofloxacine et au cotrimoxazol, respectivement (tableau 4.27). Parmi les *K.pneumoniae* suspectés de produire des ESBL, 86,9% ont été confirmés par la Cac, 31,4% par la Cec et 31,4% par la Cepc (Annexe 7).

Tableau 4.26 Résistance aux antibiotiques de la troisième génération de céphalosporines et d'aztréonam à l'hôpital Milad

Milad Hôpital	*K.pneumoniae*	Ca	Ce	Ci	Cep	Ao
Total	265	175 (65.8%)	123 (46.2%)	160 (60.4%)	138 (52%)	137 (51.6%)

Tableau 4.27 Effet des antibiotiques non bêta-lactamines sur les ESBL produisant des *K.pneumoniae* à l'hôpital Milad

KPPE	Ak	Cf	Co
Total 137	46(33.9%)	29(21.2%)	54(39,4%)

4.2.1 Stade de dépistage de *K.pneumoniae*

Sur les deux cent soixante-cinq *K. pneumoniae* collectés à l'hôpital Milad, 50,56 % (n=134),

12,07 % (n=32), 9,82 % (n=26), 8,68 % (n=23) et 18,86 % (n=50) provenaient respectivement

d'infections des voies urinaires, des unités de soins intensifs, des salles de chirurgie, des lésions

et des voies respiratoires (figure 4.18).

Figure 4.18 *K.pneumoniae à l'*hôpital de Milad

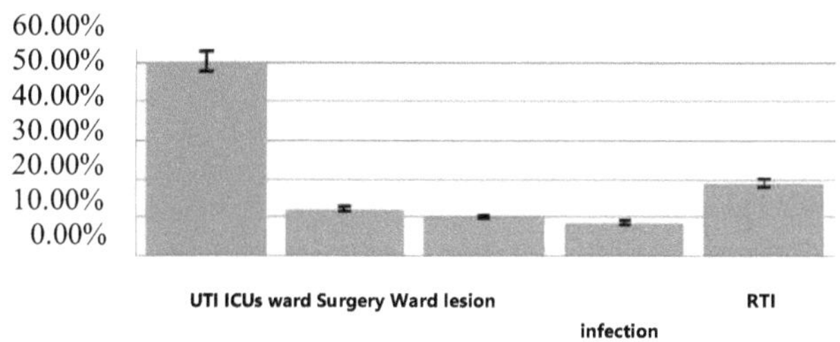

Précentage de K. pneumoniae dans différentes parties de l'hôpital de Milad

Sur les cent trente-quatre *K.pneumoniae* isolés de patients souffrant d'une infection urinaire, on

a constaté qu'il y avait plus de résistance à la céftériaxone qu'aux autres antibiotiques bêta-

lactamines. Les résultats ont également montré que soixante-huit isolats étaient soupçonnés de

pouvoir produire des BLSE (tableau 4.28) (figure 4.19).

Tableau 4.28 Stade de dépistage pour la détection de *K.pneumoniae* produisant des ESBL chez les patients atteints d'IU à l'hôpital Milad

UTI *K.pneumoniaeCi*				Cep	Ao
Printemps	31 (23.14%)	16 (51.61%)	19 (61.29%)	18 (58.06%)	16 (51.61%)	16 (51.61%)
Été	21 (15.67%)	9 (42.85%)	2 (9.52%)	8 (38.09%)	5 (23.8%)	5 (23.8%)
Automne	39 (29.1%)	21 (53.85%)	15 (38.46%)	19 (48.71%)	18 (46.15%)	18 (46.15%)
Hiver	43 (32.08%)	32 (74.41%)	18 (41.86%)	32 (74.41%)	29 (67.44%)	29 (67.44%)
Total	**134 (100%)**	**78 (58.2%)**	**54 (40.3%)**	**77 (57.5%)**	**68 (50.74%)**	**68 (50.74%)**

Figure 4.19 Stade de dépistage de *K.pneumoniae* isolé chez des patients souffrant d'une infection urinaire à l'hôpital Milad

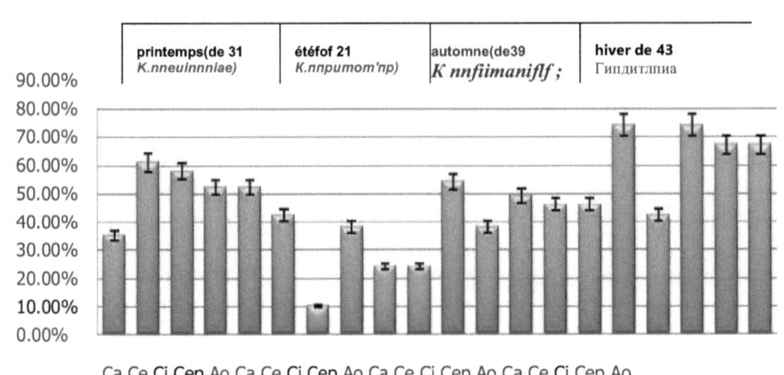

Dans les unités de soins intensifs, trente-deux *K. pneumoniae* ont montré la plus forte résistance à la cefteriaxone (59,4%) et à la cefatzidime (56,25%). En général, treize *K. pneumoniae* étaient soupçonnés d'être capables de produire des BLSE (tableau 4.29) (figure 4.20).

Table 4.29 Étape de dépistage pour la détection de *K.pneumoniae* produisant des ESBL des patients admis dans les unités de soins intensifs de l'hôpital de Milad

Unité de soins intensifs	*K.pneumoniae*	Ca	Ce	Ci	Cep	Ao
Printemps	6 (18.75%)	3 (50%)	5 (83.3%)	4 (66.7%)	2 (33.3%)	2 (33.3%)
Été	7 (21.88%)	2 (28.57%)	1 (14.28%)	3 (42.85%)	3 (42.85%)	2 (28.57%)
Automne	10 (31.25%)	7 (70%)	3 (30%)	6 (60%)	4 (40%)	4 (40%)
Hiver	9 (28.1%)	6 (66.7%)	4 (44.5%)	6 (66.7%)	5 (55.5%)	5 (55.5%)
Total	32 (100%)	18 (56.25%)	13 (40.62%)	19 (59.4%)	14 (43.75%)	13 (40.62%)

Figure 4.20 Stade de dépistage de *K.pneumoniae* isolé chez les patients admis dans les unités de soins intensifs de l'hôpital Milad

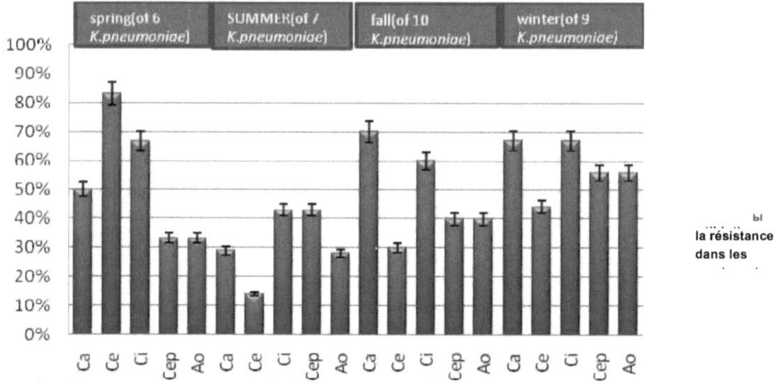

Vingt-six *K. pneumoniae* ont été obtenus auprès de patients admis dans les services de chirurgie. En général, la résistance à la ceftazidime (80,4 %) n'était pas comparable à celle des autres antibiotiques. Les résultats ont révélé que onze *K. pneumoniae* étaient sujets à la production de BLSE (tableau 4.30) (figure 4.21).

Table 4.30   Étape de dépistage pour la détection de *K.pneumoniae* produisant des ESBL des patients admis dans les services de chirurgie de l'hôpital Milad

Service de chirurgie	*K.pneumoniae*	Ca	Ce	Ci	Cep	Ao
Printemps	5 (19.23%)	2 (40%)	0	1 (20%)	1 (20%)	1 (20%)
Été	7 (29.92%)	7 (100%)	5 (71.4%)	6 (85.74%)	4 (57.14%)	4 (57.14%)
Automne	7 (29.92%)	5 (71.4%)	4 (57.14%)	4 (57.14%)	2 (28.57%)	2 (28.57%)
Hiver	7 (29.92%)	7 (100%)	4 (57.14%)	5 (71.4%)	4 (57.14%)	4 (57.14%)
Total	26 (100%)	21 (80.4%)	13 (50%)	16 (61.5%)	11 (42.3%)	11 (42.3%)

Figure 4.21 Stade de dépistage de *K.pneumoniae* isolé chez les patients admis dans les services de chirurgie de l'hôpital Milad

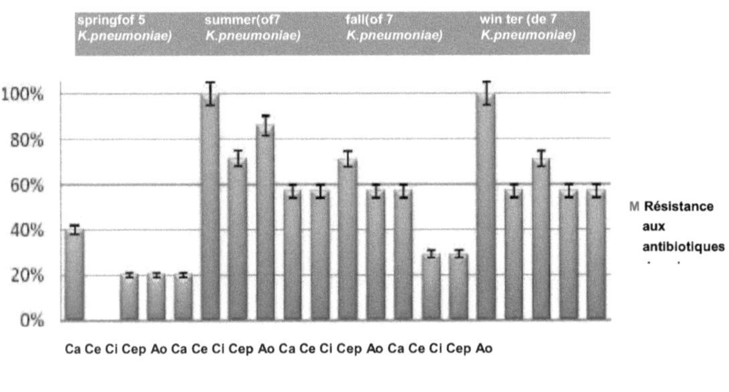

Vingt-deux *K. pneumoniae* ont été obtenus à partir de patients présentant des infections de lésions, dont

34,8% étaient soupçonnés de pouvoir produire des ESBL (tableau 4.31) (figure 4.22).

Tableau 4.31 Stade de dépistage pour la détection de *K.pneumoniae* produisant des ESBL chez les patients présentant des infections de lésions à l'hôpital Milad

Infection par lésion	*K.pneumoniae*	Ca	Ce	Ci	Cep	Ao
Printemps	5 (21.7%)	3 (60%)	1 (20%)	3 (60%)	2 (40%)	2 (40%)
Été	4 (17.8%)	3 (75%)	1 (25%)	2 (50%)	1 (25%)	1 (25%)
Automne	6 (26.1%)	4 (66.7%)	2 (33.4%)	4 (66.7%)	2 (33.4%)	2 (33.4%)
Hiver	8 (34.78%)	7 (87.5%)	3 (37.5%)	4 (50%)	3 (37.5%)	3 (37.5%)
Total	23 (100%)	17 (73.9%)	7 (30.4%)	13 (56.52%)	8 (34.8%)	8 (34.8%)

Figure 4.22 Stade de dépistage de *K.pneumoniae* isolé chez des patients présentant des infections de lésions à l'hôpital Milad

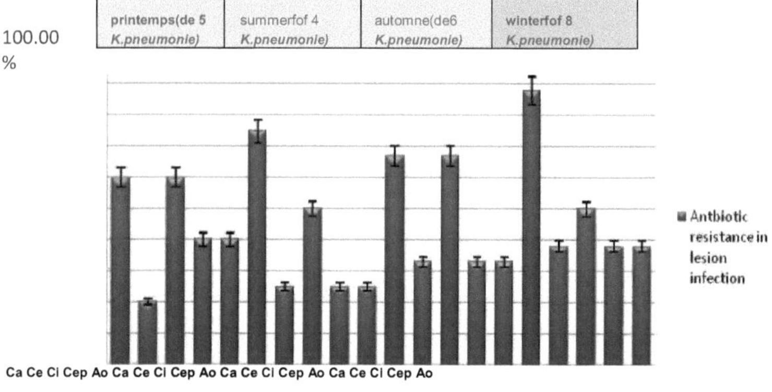

Les résultats de cette partie ont montré une fréquence élevée de *K. pneumoniae* en hiver. En outre, il a été noté que la plupart des isolats suspectés d'être capables de produire des ESBL en hiver étaient également résistants aux céphalosporines de troisième génération. (Tableau 4.32) (Figure 4.23).

**Table 4.32   Étape de dépistage pour la détection de *K.pneumoniae* produisant des ESBL
de patients atteints d'une IRT à l'hôpital Milad**

RTI	*K.pneumoniae*	Ca	Ce	Ci	Cep	Ao
Printemps	9 (18%)	8 (88.9%)	8 (88.9%)	7 (77.8%)	7 (77.8%)	7 (77.8%)
Été	5 (10%)	2 (40%)	3 (60%)	3 (60%)	2 (40%)	2 (40%)
Automne	12 (24%)	11 (91.7%)	9 (75%)	9 (75%)	8 (66.7%)	8 (66.7%)
Hiver	24 (48%)	20 (83.3%)	18 (75%)	19 (79.1%)	20 (83.3%)	20 (83.3%)
Total	50 (100%)	41 (82%)	38 (76%)	38 (76%)	37 (74%)	37 (74%)

**Figure 4.23 Stade de dépistage de *K.pneumoniae* isolé chez les patients atteints d'une ITG
à l'hôpital Milad**

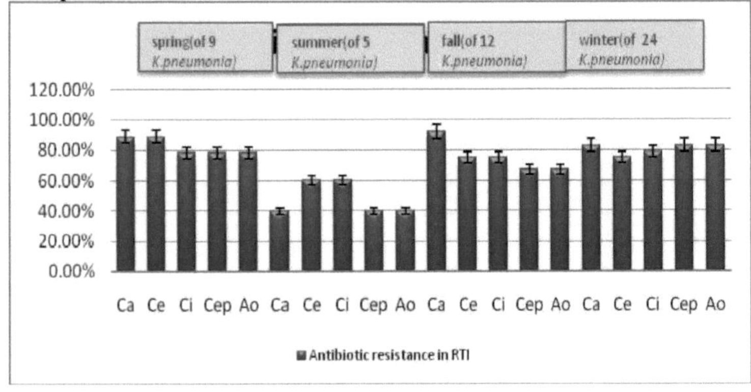

4.2.2 Confirmation du stade de *K.pneumoniae*

Sur les cent trente-quatre *K. pneumoniae* recueillis auprès de patients souffrant d'infections urinaires, 50,74% (n=68) étaient soupçonnés de pouvoir produire des ESBL au stade du dépistage. Parmi celles-ci, 23,5 % (n=16), 7,35 % (n=5), 26,4 % (n=18) et 42,65 % (n=29) ont été obtenues au printemps, en été, en automne et en hiver, respectivement. Sur les seize *K. pneumoniae* suspectés de pouvoir produire des BLSE au stade du dépistage au printemps, 100 % (n=16), 25 % (n=4) et 100 % (n=16) ont été confirmés par la ceftazidime/acide clavulanique, la céfotaxime /acide clavulanique et la cefpodoxime/acide clavulanique, respectivement au stade de la confirmation. Sur les cinq *K. pneumoniae* suspectés de pouvoir produire des BLSE au stade du dépistage en été, 100 % (n=5), 40 % (n=2) et 100 % (n=5) ont été confirmés par la ceftazidime/acide clavulanique, la cefotaxime /acide clavulanique et la cefpodoxime/acide clavulanique, respectivement au stade de la confirmation. Sur les dix-huit *K. pneumoniae* soupçonnés de pouvoir produire des BLSE au stade du dépistage en automne, 88,9 % (n=16), 16,7 % (n=3) et 100 % (n=18) ont été confirmés par la ceftazidime/acide clavulanique, la cefotaxime/acide clavulanique et la cefpodoxime/acide clavulanique, respectivement. De même, sur les seize *K. pneumoniae* suspectés de pouvoir produire des BLSE au stade du dépistage en hiver, 72 % (n=21), 31 % (n=9) et 100 % (n=29) ont été confirmés par la ceftazidime/acide clavulanique, la cefotaxime/acide clavulanique et la cefpodoxime/acide clavulanique, respectivement, au stade de la confirmation (tableau 4.33) (figure 24).

Tableau 4.33 Confirmation du stade et de l'effet des antibiotiques non bêta-lactamines sur les ESBL produisant des *K.pneumoniae* chez les patients souffrant d'une infection urinaire à l'hôpital de Milad

UTI	KPSPE	Cac	Cec	Cepc	Ak	Cf.	Co	I
Printemps	16 (23.5%)	16 (100%)	4 (25%)	16 (100%)	5 (31.25%)	4 (25%)	6 (37.5%)	0
Résumé er	5 (7.35%)	5 (100%)	2 (40%)	5 (100%)	2 (40%)	1 (20%)	2 (40%)	0
Automne	18 (26.4%)	16 (88.9%)	3 (16.7%)	18 (100%)	6 (33.3%)	5 (27.8%)	9 (50%)	0
Hiver	29 (42.65%)	21 (72%)	9 (31%)	29 (100%)	12 (41.4%)	6 (20.7%)	9 (31%)	0
Total	68 (100%)	58 (85.5%)	18 (26.47%)	68 (100%)	25 (36.7%)	16 (23.5%)	26 (38.2%)	0

Sur les 32 *K. pneumoniae prélevés sur les* patients des unités de soins intensifs, 40,6 % (n=13) étaient soupçonnés de pouvoir produire des BLSE au stade du dépistage. Sur ces 15,4 % (n=2), 15,4 % (n=2), 30,8 % (n=4) et 38,4 % (n=5) ont été obtenus respectivement au printemps, en été, en automne et en hiver. Sur les deux *K. pneumoniae* suspectés de pouvoir produire des BLSE au stade du dépistage au printemps, 100 % (n=2), 50 % (n=1) et 100 % (n=2) ont été confirmés par la ceftazidime/acide clavulanique, la cefotaxime/acide clavulanique et la cefpodoxime/acide clavulanique, respectivement. Sur les deux *K. pneumoniae* soupçonnés de pouvoir produire des BLSE au stade du dépistage en été, 50 % (n=1), 50 % (n=1) et 100 % (n=2) ont été confirmés par la ceftazidime/acide clavulanique, la cefotaxime/acide clavulanique et la cefpodoxime/acide clavulanique, respectivement, au stade de la confirmation. Sur les quatre *K. pneumoniae* suspectés de pouvoir produire des BLSE au stade du dépistage en automne, 75% (n=3), 25% (n=1) et 100% (n=4) ont été confirmés par la ceftazidime/acide clavulanique, la cefotaxime/acide clavulanique et la cefpodoxime/acide clavulanique, respectivement. Sur les cinq *K. pneumoniae* suspectés de pouvoir produire des BLSE au stade du dépistage en hiver, 100 % (n=5), 40 % (n=2) et 100 % (n=5) ont été confirmés par la ceftazidime/acide clavulanique, la cefotaxime/acide clavulanique et la cefpodoxime/acide clavulanique, respectivement (tableau 34) (figure 25).

Tableau 4.34 Confirmation du stade et de l'effet des antibiotiques non bêta-lactamines sur les ESBL productrices de *K.pneumoniae* isolées chez les patients des unités de soins intensifs de l'hôpital Milad

ICUS Ward	*KPSPE*	Cac	Cec	Cepc	Ak	Cf.	Co	I
Printemps	2 (15.4%)	2 (100%)	1 (50%)	2 (100%)	1 (50%)	1 (50%)	1 (50%)	0
Été	2 (15.4%)	1 (50%)	1 (50%)	2 (100%)	0	0	0	0
Automne	4 (30.8%)	3 (75%)	1 (25%)	4 (100%)	1 (25%)	1 (25%)	1 (25%)	0
Hiver	5 (38.4%)	5 (100%)	2 (40%)	5 (100%)	2 (40%)	1 (20%)	3 (60%)	0
Total	13 (100%)	11 (84.6%)	5 (38.46%)	13 (100%)	4 (30.7%)	3 (23%)	5 (38.46%)	O

Sur les vingt-six *K. pneumoniae* recueillis auprès des patients admis dans les services de chirurgie,

42,3 % (n=11) étaient soupçonnés de pouvoir produire des ESBL au stade du dépistage. Parmi celles-ci, 9,1 % (n=1), 36,4 % (n=4), 18,2 % (n=2) et 36,4 % (n=4) ont été obtenues au printemps, en été, en automne et en hiver, respectivement. Un *K. pneumoniae* obtenu au printemps et soupçonné de pouvoir produire des BLSE a été confirmé par la ceftazidime/acide clavulanique ainsi que par la cefpodoxime/acide clavulanique. Sur les quatre *K. pneumoniae* suspectés de pouvoir produire des BLSE au stade du dépistage en été, 100 % (n=4), 25 % (n=1) et 100 %

(n=4) ont été confirmés respectivement par la ceftazidime/acide clavulanique, la cefotaxime/acide clavulanique et la cefpodoxime/acide clavulanique. Sur les deux *K. pneumoniae* soupçonnés de pouvoir produire des BLSE au stade du dépistage en automne, 100 % (n=2), 50 % (n=1) et 100 % (n=2) ont été confirmés par la ceftazidime/acide clavulanique, la cefotaxime/acide clavulanique et la cefpodoxime/acide clavulanique, respectivement. Sur les quatre *K. pneumoniae* suspectés de pouvoir produire des BLSE au stade du dépistage en hiver, 100 % (n=4), 50 % (n=2) et 100 % (n=4) ont été confirmés par la ceftazidime/acide clavulanique, la cefotaxime/acide clavulanique et la cefpodoxime/acide clavulanique, respectivement, au stade de la confirmation (Tableau 4.35) (Figure.26).

Tableau 4.35 Confirmation du stade et de l'effet des antibiotiques non bêta-lactamines sur les ESBL productrices de *K.pneumoniae* isolées chez les patients des services de chirurgie de l'hôpital Milad

Service de chirurgie	*KPSPE*	Cac	Cec	Cepc	Ak	Cf.	Co	I
Printemps	1 (9.1%)	1 (100%)	0	1 (100%)	0	0	0	0
Été	4(36.4%)	4 (100%)	1 (25%)	4 (100%)	1 (25%)	0	2 (50%)	0
Automne	2 (18.2%)	2 (100%)	1 (50%)	2 (100%)	1 (50%)	1 (50%)	1 (50%)	0
Hiver	4 (36.4%)	4 (100%)	2 (50%)	4 (100%)	2 (50%)	1 (25%)	2 (50%)	0
Total	11 (100%)	11 (100%)	4 (36.6%)	11 (100%)	4 (36.6%)	2 (18.1%)	5 (45.5%)	0

Sur les vingt-trois *K. pneumoniae prélevés sur des* patients présentant des infections de lésions, 32,8

(n=8) étaient soupçonnés de pouvoir produire des BLSE au stade de la sélection, dont 25 % (n=2), 12,5 % (n=1), 25 % (n=2) et 37,5 % (n=3) ont été obtenus au printemps, en été, en automne et en hiver, respectivement. Sur les deux *K. pneumoniae* suspectés d'être capables de produire des BLSE au stade du dépistage au printemps, 100 % (n=2), 50 % (n=1) et 100 % (n=2) ont été confirmés par la ceftazidime/acide clavulanique, la cefotaxime/acide clavulanique et la cefpodoxime/acide clavulanique, respectivement. Un *K. pneumoniae* obtenu en été, qui était soupçonné de pouvoir produire de l'ESBL, a été confirmé par le ceftazidim/acide clavulanique ainsi que par le cefpodoxime/acide clavulanique. Sur les deux *K. pneumoniae soupçonnés de pouvoir produire des BLSE au* stade du dépistage en automne, 100 % (n=2), 50 % (n=1) et 100 % (n=2) ont été confirmés respectivement par la ceftazidime/acide clavulanique, la cefotaxime/acide clavulanique et la cefpodoxime/acide clavulanique. Sur les trois *K. pneumoniae* suspectés de produire des BLSE au stade du dépistage en hiver, 100 % (n=3), 66,7 % (n=2) et 100 % (n=3) ont été confirmés par la ceftazidime/acide clavulanique, la cefotaxime/acide clavulanique et la cefpodoxime/acide clavulanique, respectivement (tableau 4.36) (figure 4.27).

Tableau 4.36 Confirmation du stade et de l'effet des antibiotiques non bêta-lactamines sur les ESBL productrices de *K.pneumoniae* isolées chez des patients présentant une infection lésionnelle à l'hôpital Milad

Infection des lésions	*KPSPE*	Cac	Cec	Cepc	Ak	Cf.	Co	I

Printemps	2 (25%)	2 (100%)	1 (50%)	2 (100%)	1 (50%)	0	1 (50%)	0
Été	1 (12.5%)	1 (100%)	0	1 (100%)	0	0	0	0
Automne	2 (25%)	2 (100%)	1 (50%)	2 (100%)	1 (50%)	0	1 (50%)	0
Hiver	3 (37.5%)	3 (100%)	2 (66.7%)	3 (100%)	1 (33.3%)	0	1 (33.3%)	0
Total	8 (100%)	8 (100%)	4 (50%)	8 (100%)	3 (37.5%)	0	3 (37.5%)	0

Sur les cinquante *K. pneumoniae prélevés sur des* patients atteints d'ITG, 74 % (n=37) étaient soupçonnés de pouvoir produire des BLSE au stade du dépistage. Parmi celles-ci, 18,9 % (n=7), 5,4 % (n=2), 21,6 % (n=8) et 54,1 % (n=20) ont été obtenues au printemps, en été, en automne et en hiver, respectivement. Sur les sept *K. pneumoniae* suspectés d'être capables de produire des BLSE au stade du dépistage au printemps, 85,7 % (n=6), 42,85 % (n=3) et 100 % (n=7) ont été confirmés par la ceftazidime/acide clavulanique, la cefotaxime/acide clavulanique et la cefpodoxime/acide clavulanique, respectivement. Sur les deux *K. pneumoniae* suspectés de pouvoir produire des BLSE au stade du dépistage en été, 100 % (n=2), 50 % (n=1) et 100 % (n=2) ont été confirmés par la ceftazidime/acide clavulanique, la cefotaxime/acide clavulanique et la cefpodoxime/acide clavulanique, respectivement. Sur les huit *K. pneumoniae* suspectés de pouvoir produire des BLSE au stade du dépistage en automne, 100 % (n=8), 25 % (n=2) et 100 % (n=8) ont été confirmés respectivement par la ceftazidime/acide clavulanique, la cefotaxime/acide clavulanique et la cefpodoxime/acide clavulanique. Sur les vingt *K. pneumoniae* suspectés de pouvoir produire des BLSE au stade du dépistage en hiver, 80% (n=16), 40% (n=8) et 100% (n=20) ont été confirmés par la ceftazidime/acide clavulanique, la cefotaxime/acide clavulanique et le cefpodoxim/acide clavulanique, respectivement au stade de la confirmation (tableau 4.37) (figure 28).

Tableau 4.37 Confirmation du stade et de l'effet des antibiotiques non bêta-lactamines sur les ESBL productrices de *K.pneumoniae* isolées chez des patients atteints d'ITG à l'hôpital Milad

RTI	*KPSPE*	Cac	Cec	Cepc	Ak	Cf.	Co	I
Printemps	7 (18.9%)	6 (85.7%)	3 (42.85%)	7 (100%)	3 (42.85%)	2 (28.6%)	3 (42.85%)	0
Été	2 (5.4%)	2 (100%)	1 (50%)	2 (100%)	1 (50%)	1 (50%)	1 (50%)	0
Automne	8 (21.6%)	8 (100%)	2 (25%)	8 (100%)	2 (25%)	1 (12.5%)	2 (25%)	0
Hiver	20 (54.1%)	16 (80%)	8 (40%)	20 (100%)	7 (35%)	4 (20%)	8 (40%)	0
Total	**37 (100%)**	**32 (86.5%)**	**14 (37.9%)**	**37 (100%)**	**13 (35.1%)**	**8 (21.6%)**	**14 (37.9%)**	**0**

4.2.3 Effets des antibiotiques non bêta-lactamines contre *K. pneumoniae* Produisant des ESBL

En toutes saisons, nous avons constaté que *K. pneumoniae* produisant des ESBL isolées de patients atteints de

Les UTI étaient résistants aux antibiotiques non bêta-lactames, mais il n'y avait pas de résistance pour l'imipénem (tableau 4. 36) (figure 4.24).

Figure 4.24 Confirmation du stade et de la résistance aux antibiotiques non bêta-lactamines chez des *K.pneumoniae* isolés de patients souffrant d'IU à l'hôpital Milad

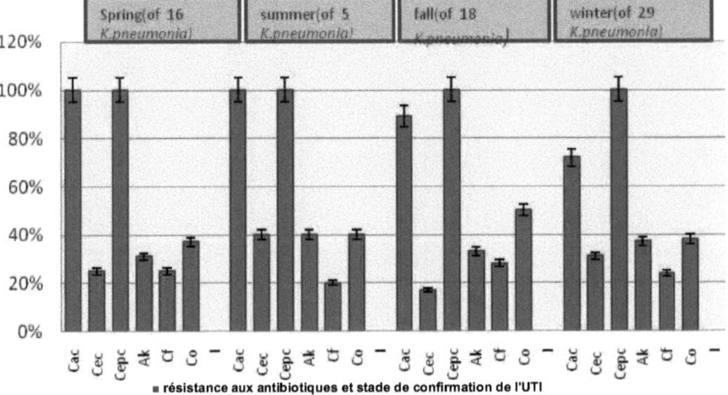

Dans les USI, aucune résistance n'a été observée en été. Dans cette partie, le cotrimoxazol s'est

également révélé être l'antibiotique le plus résistant (tableau 4.37) (figure 4.25).

Figure 4.25 Confirmation du stade et de la résistance aux antibiotiques non bêta-lactamines chez *K.pneumoniae* isolée chez des patients admis dans les unités de soins intensifs de l'hôpital Milad

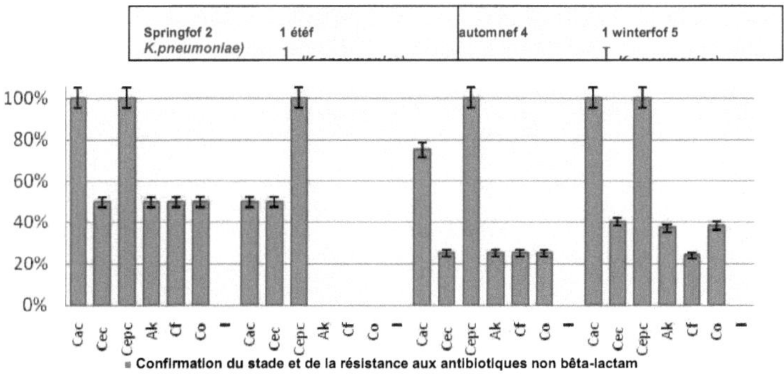

Les résultats ont montré que les ESBL productrices de *K. pneumoniae* isolées chez les patients admis dans le service de chirurgie n'étaient pas résistantes aux antibiotiques non bêta-lactamines au printemps. Les résultats ont également montré qu'il y avait plus de résistance au cotrimoxazol qu'à la ciprofloxacine. L'imipénem, comme dans les autres parties, s'est révélé être un antibiotique efficace (tableau 4.38) (figure 4.26).

Figure 4.26 Confirmation du stade et de la résistance aux antibiotiques non bêta-lactamines chez *K.pneumoniae* isolée chez des patients admis dans les services de chirurgie de l'hôpital Milad

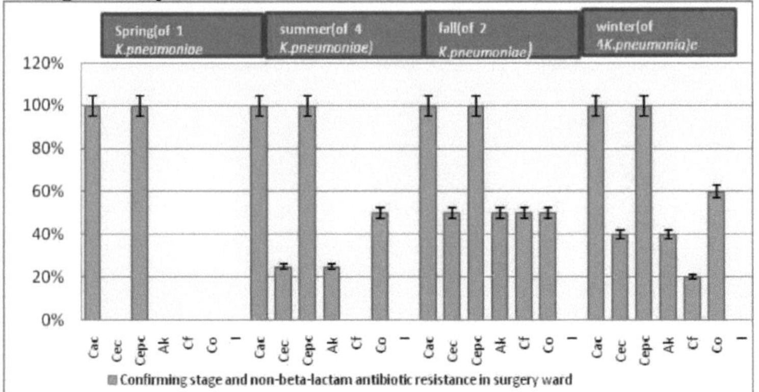

Les infections de lésions n'ont montré aucune résistance à l'imipénem et à la ciprofloxacine. Il

a également été observé qu'il n'y avait pas de résistance en été (tableau 4.39) (figure 4.27).

Figure 4.27 Confirmation du stade et de la résistance aux antibiotiques non bêta-lactamines chez *K.pneumoniae* isolée chez des patients présentant des infections lésionnelles à l'hôpital Milad

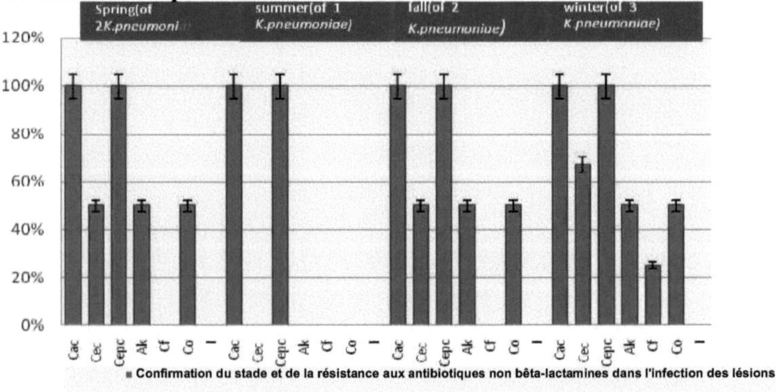

Les résultats ont révélé que les ESBL, produites par *K.pneumoniae* isolées chez les patients atteints d'ITG, étaient résistantes aux antibiotiques non bétalactamines, à l'exception de l'imipénem, en toutes saisons (tableau 4.40) (figure 4.28).

Figure 4.28 Confirmation du stade et de la résistance aux antibiotiques non bêta-lactamines chez *K.pneumoniae* isolé chez des patients atteints d'ITG à l'hôpital Milad

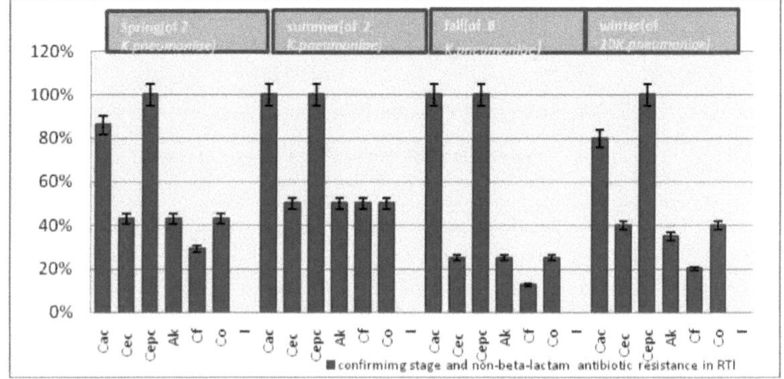

4.2.4 Résultats du PCR

Sur les cent vingt *K. pneumoniae* avec le blaSHV, 47,5 % (n=57), 9,1 % (n=11), 9,1 % (n=11), 6,7 % (n=8) et 27,5 % (n=33) provenaient respectivement de patients souffrant d'infections urinaires, de patients admis dans des unités de soins intensifs, de services de chirurgie, de patients souffrant d'infections de lésions et de patients souffrant d'infections des voies respiratoires (figure 4.29).

Figure 4.29 Fréquence du blaSHV à l'hôpital Milad

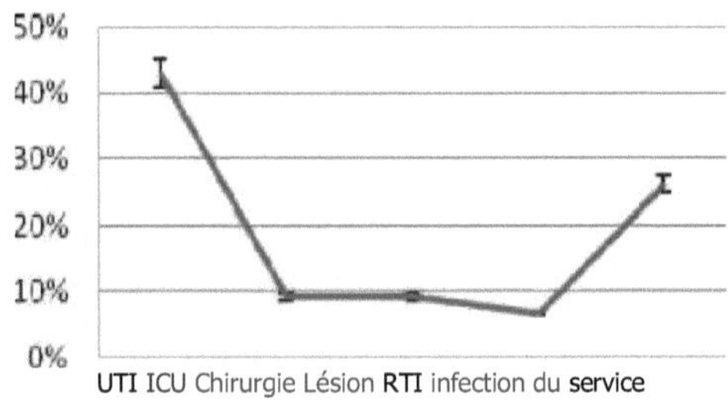

Sur les dix-sept *K. pneumoniae* avec blaTEM, 23,5 % (n=4), 11,7 % (n=2), 11,7 % (n=2), 5,9 % (n=1) et 47 % (n=8) provenaient respectivement de patients souffrant d'infections urinaires, de patients admis dans des unités de soins intensifs, de services de chirurgie, de patients souffrant d'infections de lésions et de patients souffrant d'ITG (figure 4.30).

Figure 4.30 Fréquence du blaTEM à l'hôpital Milad

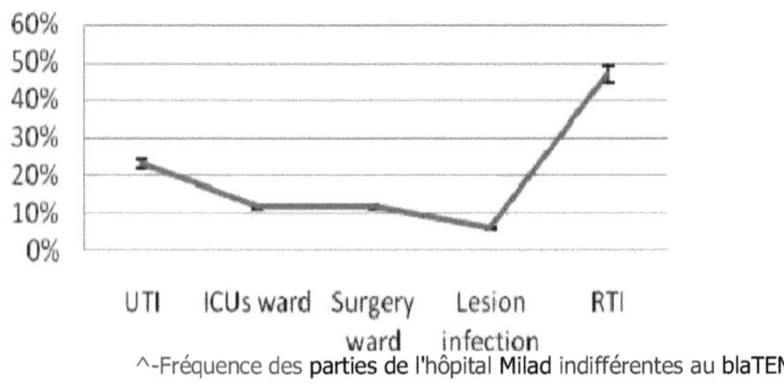

Sur les 34 *K. pneumoniae* avec blaCTX-M, 41,2 % (n=14), 11,8 % (n=4), 11,8 % (n=4), 5,9 % (n=2) et 29,5 % (n=10) ont été obtenus respectivement auprès de patients souffrant d'infections urinaires, dans des unités de soins intensifs, en salle d'opération, de patients présentant des lésions et d'infections des voies respiratoires (figure 4.31).

Figure 4.31 Fréquence du blaCTX-M à l'hôpital Milad

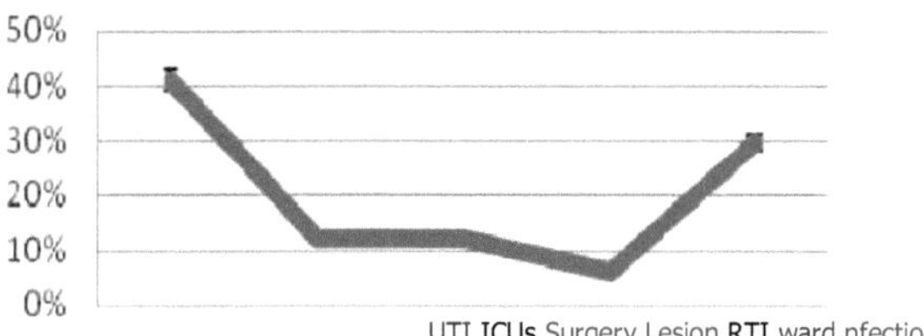

Chez les patients atteints d'une infection urinaire, cinquante-sept *K. pneumoniae* avec le blaSHV ont été observés. Sur ce nombre, 28,1 % (n=16), 8,7 % (n=5), 28,1 % (n=16) et 35,1 % (n=20) ont été obtenus au printemps, en été, en automne et en hiver, respectivement. Sur les quatre *K. pneumoniae* avec blaTEM, 25% (n=1), 25% (n=1) et 50% (n=2) ont été trouvés au printemps, en automne et en hiver, respectivement. Nos résultats ont également montré que sur les quatorze *K. pneumoniae* avec blaCTX-M provenant de patients atteints d'infections urinaires, 7,1 % (n=1) ont été obtenus au printemps, 21,5 % (n=3) en automne et 71,4 % (n=10) en hiver (figure 4.32).

Figure 4.32 Fréquence de la détection par blaSHV, TEM et CTX-M de *K.pneumoniae* isolée chez des patients souffrant d'IU à l'hôpital Milad

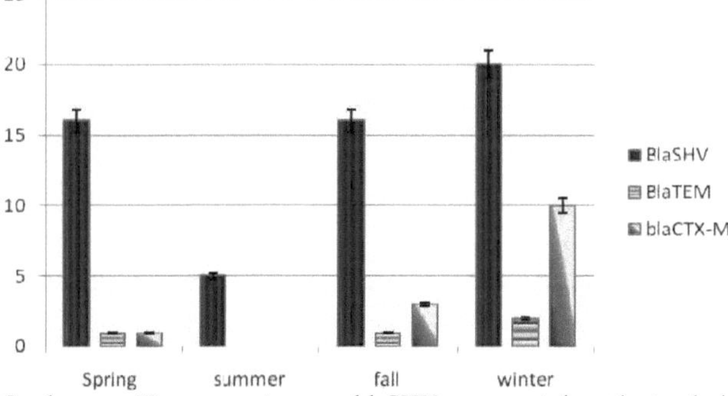

Sur les onze *K. pneumoniae* avec blaSHV provenant de patients admis dans des unités de soins intensifs, 18,2 % (n=2), 9,1 % (n=1), 27,2 % (n=3) et 45,5 % (n=5) ont été trouvés au printemps, en été, en automne et en hiver, respectivement. Deux *K. pneumonie* avec blaTEM ont été isolées en automne et en hiver. Quatre *K. pneumoniae avec* blaCTX-M ont été observés, dont 25 % (n=1), 25 % (n=1) et 50 % (n=2) ont été obtenus en été, automne et hiver, respectivement (figure 4.33).

Figure 4.33 Fréquence de la détection de *K.pneumoniae par* BlaSHV, TEM et CTX-M isolée chez les patients admis dans les unités de soins intensifs de l'hôpital Milad

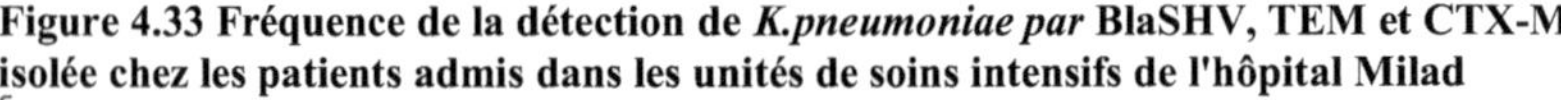

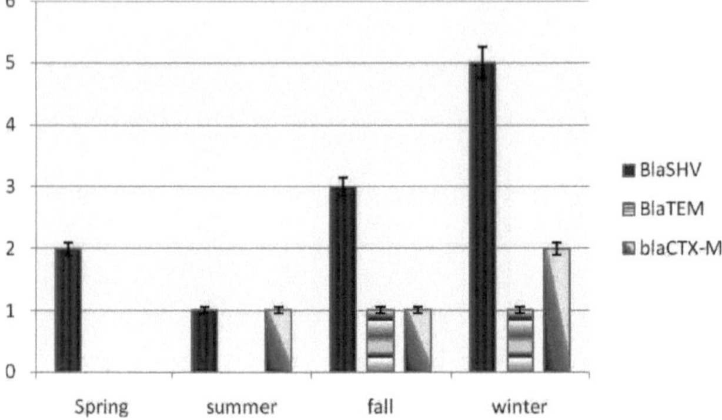

Sur les onze *K. pneumoniae* avec blaSHV provenant de patients admis dans le service de chirurgie, 9,1% (n=1), 36,4% (n=4), 18,2% (n=2) et 36,4% (n=4) ont été obtenus au printemps, en été, en automne et en hiver, respectivement. Deux *K. pneumoniae* avec blaTEM ont été isolés, dont l'un a été obtenu en automne et l'autre en hiver. Sur les quatre *K. pneumoniae* avec blaCTX-M provenant du service de chirurgie, 25% (n=1) ont été obtenus en été, 25% (n=1) en automne et 50% (n=2) en hiver (figure 4.34).

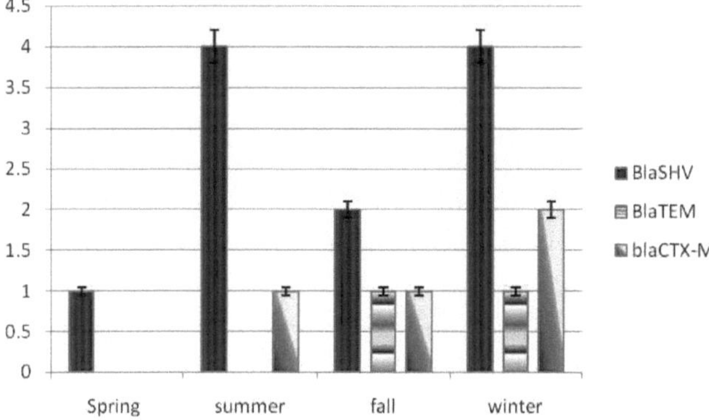

Les résultats reflètent ceux des huit *K. pneumoniae atteints de* blaSHV, provenant de patients présentant des infections de lésions, 25% (n=2), 12,5% (n=1), 25% (n=2) et 37,5% (n=3) ont été trouvés au printemps, en été, en automne et en hiver, respectivement. Un *K. pneumoniae* avec blaTEM a été isolé en hiver. Sur les deux *K. pneumoniae avec* blaCTX-M, chez les patients présentant des infections de lésions, 50 % (n=1) ont été obtenus au printemps et 50 % (n=1) en hiver (figure 4.35).

Figure 4.35 Fréquence de détection du blaSHV, du TEM et du CTX-M de *K.pneumoniae* isolés chez des patients présentant des infections de lésions à l'hôpital Milad

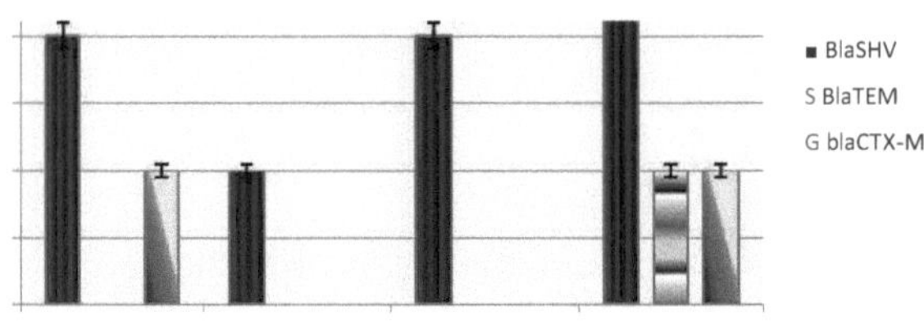

Les résultats ont indiqué que sur les trente-trois *K. pneumoniae atteints de* blaSHV, provenant de patients atteints de

Les ITG, 18,8% (n=6), 9% (n=3), 24,2% (n=8) et 48,5% (n=16) ont été obtenues au printemps, en été, en automne et en hiver, respectivement. Sur les huit *K. pneumoniae* avec blaTEM des ITG, 37,5% (n=3), 12,5% (n=1), 12,5% (n=1) et 37,5% (n=3) ont été obtenus au printemps, en été, en automne et en hiver, respectivement. Sur les dix *K. pneumoniae* avec blaCTX-M, provenant de patients atteints d'ITG, 30 % (n=3) ont été obtenus au printemps, 10 % (n=1) en été, 10 % (n=1) en automne et 50 % (n=5) en hiver (figure 4.36).

Figure 4.36 Fréquence de détection du blaSHV, du TEM et du CTX-M *K.pneumoniae* isolé chez des patients atteints d'une infection urinaire à l'hôpital Milad

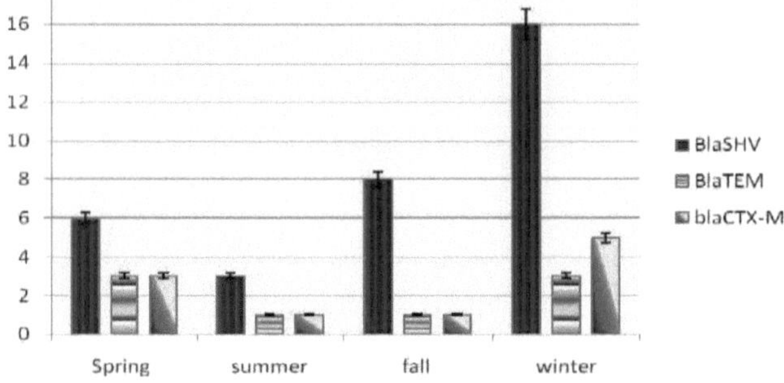

Les résultats ont montré que la fréquence du blaSHV, blaTEM et blaCTX-M due à *K.pneumoniae* produisant des ESBL était respectivement de 87,5%, 12,4% et 24,8%. En outre, 1,5 %, 7,9 %, 0,4 % et 1,5 % des ESBL produites par *K.pneumoniae se* sont révélées positives pour blaSHV-TEM, blaSHV-CTX-M, blaTEM-CTX-M et blaSHV-TEM-CTX-M, respectivement.

4.2.5 MLST

La MLST a été évaluée pour trente *K. pneumoniae* produisant des ESBLS à l'hôpital Milad, dont treize avaient le blaTEM, le BlaSHV, sept le blaSHV et le blaCTX-M, deux le blaSHV et les huit autres le blaTEM, le BlaSHV et le blaCTX-M. Les données MLST calculées par eBURST étaient les types de séquences (ST) et les profils alléliques associés. Les différents profils alléliques sont présentés dans le tableau 4.42. Le type de séquence (ST) a été désigné pour chaque profil allélique unique. La définition du groupe consiste à identifier des groupes de ST apparentés en utilisant la définition la plus conservatrice, où tous les membres assignés au même groupe partagent des allèles identiques à 4 des 5 loci, avec au moins un autre membre du groupe.

Le complexe clonal est un ensemble de ST que l'on croit tous issus du même génotype fondateur. Selon la définition stricte du groupe (4/5 allèles partagés), les isolats du groupe défini par eBURST seront considérés comme appartenant à un seul complexe clonal.

SLV=tous les ST doivent être une variante à un seul lieu (SLV) d'au moins un autre ST du groupe

DLV= variante à deux lieux d'au moins un autre ST du groupe.

TLV= trois loci (TLV), et ceux qui sont plus éloignés les uns des autres (satellites).

Les valeurs bootstrap indiquées pour chaque ST sont le pourcentage de fois que le ST a été prédit comme étant le principal fondateur du groupe dans les rééchantillonnages bootstrap. Comme un ST ne peut pas être le fondateur prédit s'il n'est pas présent dans un ensemble de données rééchantillonné, le calcul du pourcentage de fois où chaque ST est prédit être le fondateur principal omet les rééchantillonnages dans lesquels ce ST est absent. Dans les grands groupes eBURST, il peut y avoir plusieurs ST en plus du fondateur principal prévu qui ont leur propre

VSL. Un ST qui semble s'être diversifié pour produire plusieurs VSL est appelé un fondateur de sous-groupe (programme eBURST).

En se basant sur les variations nucléotidiques des cinq loci génétiques, vingt-cinq ST différents ont pu être identifiés parmi trente isolats de *K.pneumoniae* produisant des ESBL. La majorité d'entre eux (5 sur 25 ST) étaient représentés par un seul isolat. Parmi les ST partagés par plusieurs isolats, les plus fréquemment rencontrés étaient ST14 (quatre isolats), ST16 (deux isolats), ST18 (deux isolats). Six complexes coloniaux (CC) ont été identifiés. Le fondateur prévu a été défini dans les résultats d'eBURST. Le CC1 comprenait cinq ST (st1,5,4,3,2), le CC2 trois ST (ST9,10,11), le CC3 trois ST (ST8,7,6), le CC4 deux ST (st12,13), le CC5 deux ST (ST15,14) et le CC6 deux ST (ST16,17) (tableau 4.38).

Tableau 4.38 Caractéristiques de 30 isolats de *K. pneumoniae* producteurs d'ESBL provenant de différentes parties de l'hôpital Milad

	Profil de l'allèle	St	PARTIE DE HÔPITAL	cc	blaSHV	blaTEM	BlaCTX-M
1	1-6-3- 5-6-9	7	CSI	3	5	12	-
2	1-3-1-5-4	23	UTI	-	12	12	15
3	4-4-2-4-3	16	LESION	6	12	12	-
4	2-2-6-3-10	1	UTI	1	12	12	15
5	4-2-2-4-3	17	RTI	5	12	12	-
6	4-4-2-4-3	16	CHIRURGIE	6	12	12	15
7	1-2-6-3-10	4	UTI	1	12	12	15
8	2-1-2- 4-2	14	RTI	5	12	12	15
9	2-1-2- 4-2	14	RTI	5	12	12	15
10	2-2-5-3-9	5	UTI	1	12	12	-
11	5- 4-2-4-1	21	RTI	-	5	12	-
12	2-7- 4-1-10	13	CHIRURGIE	4	12	12	15
13	2- 9-4-1-10	12	RTI	4	12	12	15
14	2-2-4-4-7	11	RTI	2	12	-	15
15	2-2-4-4-8	9	CHIRURGIE	2	12	-	15
16	2-2-3-4-8	10	RTI	2	12	-	-
17	2-8-3-4-5	20	CSI	-	12	12	-
18	1-10-2-4-6	19	LESION	-	5	12	-
19	2- 4-6-3-10	3	UTI	1	12	-	-
20	6-11-5-6-9	6	RTI	3	12	12	-
21	4-1-1-1- 4	18	CHIRURGIE	-	12	-	-
22	4-1-1-1- 4	18	CHIRURGIE	-	12	12	-
23	6-2-5-6-9	8	CSI	3	12	12	-
24	1- 1-3-4-2	25	RTI	-	12	-	-

25	2-6-2-2-3	24	RTI	-	12	12	-
26	2- 2-5-3-10	2	UTI	1	12	12	-
27	2-1-5-4-2	15	RTI	5	12	12	-
28	2-3-3-4-2	22	UTI	-	5		-
29	2-1-2- 4-2	14	RTI	5	12		-
30	2-1-2- 4-2	14	RTI	5	12		-

Les résultats de l'explosion ont été :

Rapport eBURST

Nbre d'isolats = 25 | Nbre de ST = 25 | Nbre de rééchantillonnages pour l'amorçage = 1000

Nombre de loci par isolat = 5 | Nombre de loci identiques pour le groupe def = 4 | Nombre de groupes = 6

Groupe 1 : Non. Isoler = 5 | Non. STs = 5 | Fondateur prévu = 3

ST		FRE	SLV	DLV	TLV	SAT	Moyenne Groupe de	ST Bootstrap Subgrp
k4	1	3	1	0	0	1.25	60%	16%
k26		1	2	2	0	0	1.5	19%	0%
k19		1	1	2	1	0	2.0	0%	0%
k7	1	1	2	1	0	2.0	0%	0%
k10		1	1	1	2	0	2.25	0%	0%

Groupe 2 : Nbre d'isolats = 3 | Nbre de ST = 3 | Fondateur prévu = plusieurs candidats

ST		FREQ	SLV	DLV	TLV	SAT	Average Groupe de	ST Bootstrap Subgrp
k20		1	2	0	0	0	1.0	6%	0%
k1	1	2	0	0	0	1.0	8%	0%
k23		1	2	0	0	0	1.0	15%	0%

Groupe 3 : Non. Isolats = 3 | Non. STs = 3 | Fondateur prévu = 13

ST	FREQ	SLV	DLV		SAT moyen	ST Distance	Bootstrap Group	Subgrp
ST k15	1	2	0	TLV 0	0	1.0	32%	0%
k16	1	1	1	0	0	1.5	0%	0%
k14	1	1	1	0	0	1.5	0%	0%

Groupe 4 : Non. Isolats = 2 | Non. STs = 2 | Fondateur prévu = Aucune

ST	FREQ	SLV	DLV	TLV	SAT	Distance
k13	1	1	0	0	0	1.0
k12	1	1	0	0	0	1.0

Groupe 5 : Non. Isolats = 2 | Non. STs = 2 | Fondateur prévu = Aucune

ST	FREQ	SLV	DLV	TLV	SAT	Distance
k8	1	1	0	0	0	1.0
k27		1	1	0	0	0	1.0

Groupe 6 : Non. Isolats = 2 | Non. STs = 2 | Fondateur prévu = Aucune

ST	FREQ	SLV	DLV	TLV	SAT	Distance
k6	1	1	0	0	0	1.0
k5	1	1	0	0	0	1.0

Singletons : taille 8

k21 k18 k17 k11 k28 k2 k25
k24

Tableau 4.39 Variation des loci utilisés dans le schéma MLST actuel de *K. pneumoniae*

locus	taille	Non.allele
Gapa	366bp	6
Gyra	752bp	11
Gyrb	648bp	5
Rpob	687bp	6
groel	786bp	10

K.oxytoca

Les résultats ont montré que quinze isolats cliniques de *K.oxytoca* ont été obtenus dans le service de chirurgie, chez des patients souffrant de lésions et d'infections des voies respiratoires. Il a été constaté que 40% (n=6) et 27,3% (n=3) des ESBL produisant du *K.oxytoca* étaient résistants au cotrimoxazol et à l'amikacine, respectivement. Aucune résistance aux autres antibiotiques non bêta-lactamines n'a été observée (tableau 4.40). Les résultats ont montré que 73,3 % des *K.oxytoca* produisent des BLSE.

Tableau 4.40 Effet des antibiotiques non bêta-lactamines sur les ESBL produisant du *K.oxytoca* à l'hôpital Milad

	KOPE	Ak	Cf.	Co
Total	11	3	0	6
	(100%)	(27.3%)		(54.5%)

4.2.6 Stade de dépistage de *K.oxytoca*

K. oxytoca n'a été trouvé qu'en hiver chez les patients admis dans le service de chirurgie (tableau 4.41)

(Figure 4.37).

Tableau 4.41 Stade de dépistage pour la détection des ESBL produisant du *K.oxytoca* chez les patients des services de chirurgie de l'hôpital Milad

Service de	*K.oxytoca*	Ca	Ce	Ci	Cep	Ao
Hiver	2 (100%)	2 (100%)	2 (100%)	2 (100%)	2 (100%)	2 (100%)

Figure 4.37 Stade de dépistage de la *K.oxytoca* isolée chez les patients admis dans les services de chirurgie de l'hôpital Milad

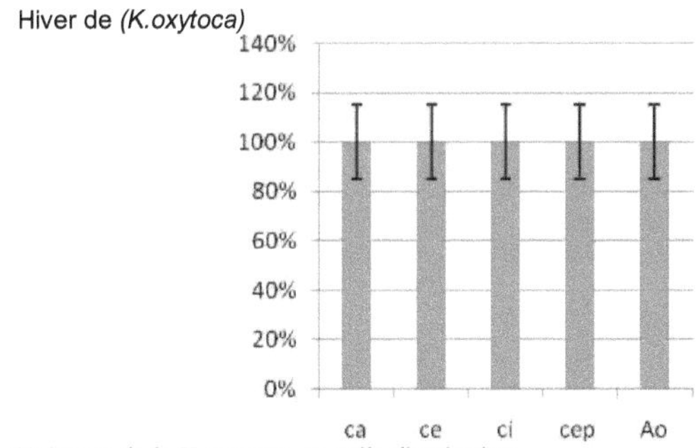

■ stade de dépistage de la K.oxytoca en salle d'opération

Les résultats ont indiqué qu'un *K. oxytoca* obtenu à partir de patients présentant des infections de lésions en automne, était résistant à toutes les céphalosprines de troisième génération, à l'exception du céfotaxime. (tableau 4.42) (figure 4.38).

Tableau 4.42 Stade de dépistage pour la détection des ESBL produisant du *K.oxytoca* chez les patients présentant des infections de lésions à l'hôpital Milad

Infection des	*K.oxytoca*	Ca	Ce	Ci	Cep	Ao
Automne	1 (100%)	1 (100%)	0	1	1 (100%)	1 (100%)

Infections à l'hôpital Milad

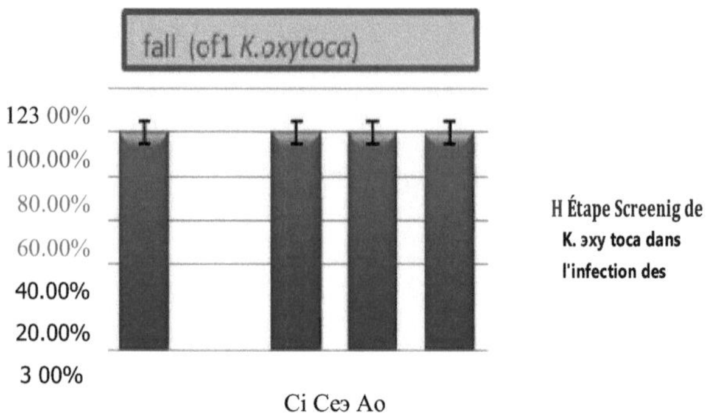

Sur les douze *K. oxy toca prélevés sur des* patients atteints d'ITG, 16,6 % (n=2) ont été obtenus en automne et 83,3 % (n=10) en hiver (Tableau 4.43) (Figure 4.39).

Tableau 4.43 Stade de dépistage pour la détection des ESBL produisant du *K.oxytoca* chez les patients atteints d'IAG à l'hôpital Milad

RTI *K.oxytoca*	**Ca**	**Ce**		**Ci**	**Cep**	**Ao**
Automne	2 (16.6%)	2 (100%)	0	2 (100%)	2 (100%)	2 (100%)
Hiver	10 (83.3%)	8 (80%)	4 (40%)	7 (70%)	6 (60%)	6 (60%)
Total	12 (100%)	10 (83.3%)	4 (33.3%)	9 (75%)	8 (66.7%)	8 (66.7%)

Figure 4.39 Stade de dépistage de la *K.oxytoca* isolée chez les patients atteints d'ITG dans les services de chirurgie de l'hôpital Milad

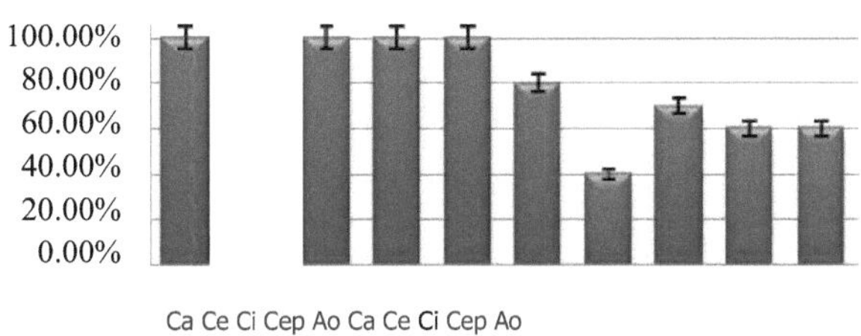

4.2.7 Confirmation du stade de *K.oxytoca*

Deux *K. oxytoca* ont été isolés de patients admis dans des salles d'opération en hiver, et tous deux étaient soupçonnés de pouvoir produire des ESBL. Ils ont été confirmés par le ceftazidim/acide clavulanique et le cefpodoxim/acide clavulanique (tableau 4.44) (figure 4.40).

Tableau 4.44 Confirmation du stade et de l'effet des antibiotiques non bêta-lactamines sur les ESBL productrices de *K.oxytoca* isolées chez les patients des services de chirurgie de l'hôpital Milad

CHIRURGIE WARD	KOSPE	Cac	Cec	Cepc	Ak	Cf.	Co	I
Hiver	2(100%)	2(100%)	0	2(100%)	0	0	1(50%)	0

Figure 4.40 Confirmation du stade et de la résistance aux antibiotiques non bêta-lactamines dans le *K.oxytoca* isolé chez des patients admis dans les services de chirurgie de l'hôpital Milad

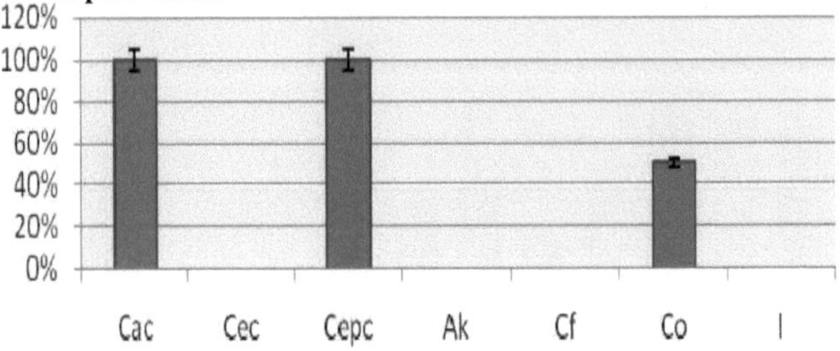

I Confirmation du stade et de la résistance aux antibiotiques non bêta-lactamines dans le service de chirurgie

Un *K. oxytoca,* prélevé sur des patients présentant des infections de lésions en automne, a été confirmé par la ceftazidime/acide clavulanique ainsi que par la cefpodoxime /acide clavulanique, au stade de la confirmation, comme étant susceptible de produire des BLSE (tableau 4.45) (figure 4.41).

Tableau 4.45 Confirmation du stade et de l'effet des antibiotiques non bêta-lactamines sur les ESBL productrices de *K.oxytoca* isolées chez des patients présentant des infections de lésions à l'hôpital Milad

Infection des lésions	KOSPE	Cac	Cec	Cepc	Ak	Cf.	Co	I
Automn	1(100%)	1(100%)	0	1(100%)	0	0	0	0

Figure 4.41 Confirmation du stade et de la résistance aux antibiotiques non bêta-lactamines chez des *K.oxytoca* isolés de patients présentant des infections de lésions à l'hôpital Milad

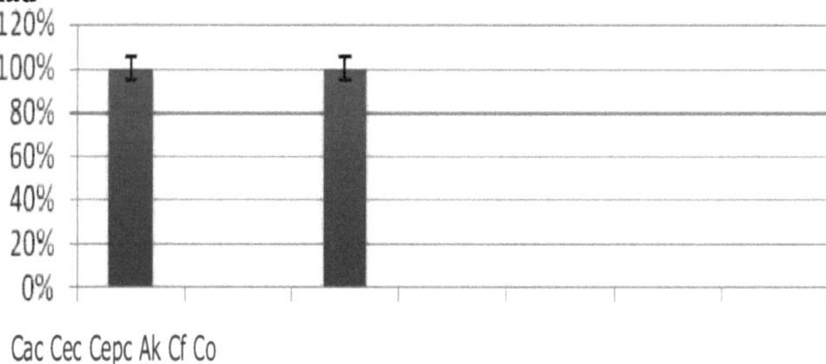

I Confirmation du stade et de la résistance aux antibiotiques non bêta-lactamines dans l'infection des lésions

Les deux *K. oxytoca prélevés sur* des patients atteints d'ITG en automne ont été confirmés par la ceftazidime/acide clavulanique et la cefpodoxime/acide clavulanique, pour produire des ESBL. Sur les dix *K.oxytoca collectés auprès de patients atteints d'ITG en* hiver, 60% (n=6) étaient soupçonnés de pouvoir produire des BLSE. Ils ont été confirmés par la ceftazidime/acide clavulanique et la cefpodoxime/acide clavulanique, au stade de la confirmation (Tableau 4.46) (Figure 4.42).

Tableau 4.46 Confirmation du stade et de l'effet des antibiotiques non bêta-lactamines sur les ESBL produisant du *K.oxytoca* isolées chez des patients atteints d'ITG à l'hôpital de Milad

RTI	*KOSPE*	Cac	Cec	Cepc	Ak	Cf.	Co	I
Automne	2(25%)	2(100%)	0	2(100%)	1(50%)	0	1(50%)	0
Hiver	6(75%)	6(100%)	0	6(100%)	2(33.3%)	0	4(66.6%)	0
Total	8 (100%)	8 (100%)		8 (100%)	3 (37.5%)	0	5 (62.5%)	0

Figure 4.42 Confirmation du stade et de la résistance aux antibiotiques non bêta-lactamines chez des *K.oxytoca* isolés de patients atteints d'ITG à l'hôpital Milad

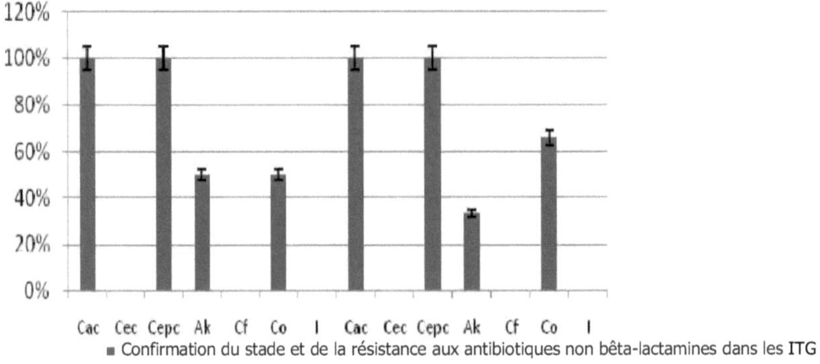

4.2.8 Résultats du PCR

Sur les onze *K. oxytoca* produisant des ESBL au stade phénotypique, 100 % (n=11) de blaSHV

ont été obtenus par la méthode PCR. Les résultats qui ont montré blaTEM et blaCTX-M étaient

négatifs.

4.3 Hôpital Emam Reza

K.pneumoniae

Sur les cent trois isolats cliniques de *K. pneumoniae* collectés à l'hôpital Emam Reza de Tabriz,

43,69% (n=45), 13,59% (n=14), 7,77% (n=8), 11,65% (n=12) et 23,3% (n=24) provenaient

respectivement d'infections urinaires, d'unités de soins intensifs, de services de chirurgie,

d'infections de lésions et d'infections urinaires. En général, 57,3%, 38,8%, 62,1%, 45,6 et 43,7%

des *K.pneumoniae* présentaient une résistance à la ceftazidime, à la céfotaxime, à la ceftériaxone,

à la cefpodoxime et à l'aztéronam, respectivement (tableau 4.47). Les résultats ont montré que

43,7 % des isolats produisent des BLSE.

Tableau 4.47 Résistance aux antibiotiques de la troisième génération de céphalosporines et d'aztréonam à l'hôpital Emam Reza

Emam Reza Hôpital	*K.pneumoniae*	Ca	Ce	Ci	Cep	Ao
Total	103	59	40	64	47	45
	(100%)	(57.3%)	(38.8%)	(62.1%)	(45.6%)	(43.7%)

Les résultats ont montré que 26,7 %, 6,7 %, 20 % et 0 % des ESBL productrices de *K.pneumoniae* étaient résistantes à l'amikacine, la ciprofloxacine, le cotrimoxazol et l'imipénem, respectivement (tableau 4.48).

Tableau 4.48 Effet des antibiotiques non bêta-lactamines sur les ESBL produisant des *K.pneumoniae* à *l'*hôpital Emam Reza

	KPPE	Ak	Cf.	Co
Total	45	12	3	9
	(100%)	(26.7%)	(6.7%)	(20%)

4.3.1 Stade de dépistage de *K. pneumoniae*

Sur les quarante-cinq *K. pneumoniae* isolés de patients souffrant d'une infection urinaire, 11,11 % (n=5), 4,44 % (n=2), 44,44 % (n=20) et 40 % (n=18) ont été obtenus au printemps, en été, en automne et en hiver, respectivement. Sur les cinq *K. pneumoniae* isolés au printemps, 20 % (n=1), 20 % (n=1), 40 % (n=2), 0,00 % (n=0) et 40 % (n=2) ont été trouvés résistants à l'aztréonam, à la cefpodoxime, à la cefteriaxone, à la cefotaxime et à la ceftazidime, respectivement. Par conséquent, au stade du dépistage au printemps, 20 % (n=1) étaient soupçonnés de pouvoir produire des BLSE. Sur les deux *K. pneumoniae* isolés en été, seulement 50% (n=1) étaient résistants à la ceftazidime, alors qu'aucune résistance aux autres antibiotiques n'a été observée. Par conséquent, aucun *K. pneumoniae* n'a été suspecté de produire des ESBL pendant cette saison. Sur les vingt *K. pneumoniae* isolés en automne, 45 % (n=9), 45 % (n=9), 50 % (n=10), 55 % (n=11) et 45 % (n=9) ont été trouvés résistants à l'aztréonam, au cefpodoxime, à la cefteriaxone, au cefotaxime et à la ceftazidime, respectivement. Ainsi, au stade du dépistage en automne, 45 % (n=9) étaient soupçonnés de pouvoir produire des BLSE. Sur les dix-huit *K. pneumoniae* isolés en hiver, 61,11 % (n=11), 61,11 % (n=11), 88,88 % (n=16), 50 % (n=9) et 77,77 % (n=14) étaient résistants à l'aztéronam, à la cefpodoxime, à la cefteriaxone, à la cefotaxime et à la ceftazidime, respectivement. Par conséquent, au stade du dépistage en hiver, 61,11 % (n=11) étaient soupçonnés d'être capables de produire des BLSE (tableau 4.49) (figure 4.43).

Table 4.49   Étape de dépistage pour la détection de *K.pneumoniae* produisant des ESBL de patients atteints d'une infection urinaire à l'hôpital Emam Reza

K.pneumoniae	Ca	Ce	Ci	Cep	Ao
Printemps 5 (11.11%)	2 (40%)	0	2 (40%)	1 (20%)	1 (20%)
Été 2 (4.44%)	1 (50%)	0	0	0	0
Automne 20 (44.44%)	9 (45%)	11 (55%)	10 (50%)	9 (45%)	9 (45%)
Hiver 18 (40%)	14 (77.77%)	9 (50%)	16 (88.88%)	11 (61.11%)	11 (61.11%)
Total	**45 (100%)**	**26 (57.7%)**	**20 (44.4%)**	**28 (62.2%)**	**21 (46.6%)**	**21 (46.6%)**

Figure 4.43 Stade de dépistage de *K.pneumoniae* isolé chez des patients souffrant d'une infection urinaire à l'hôpital Emam Reza

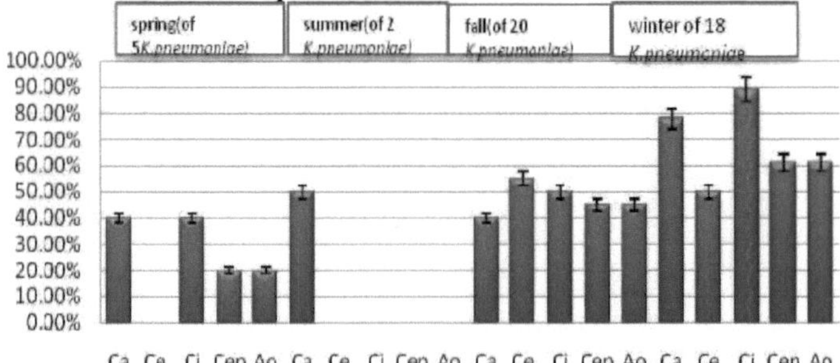

Sur les quatorze *K. pneumoniae* isolés de patients dans des unités de soins intensifs, 21,42% (n=3), 21,42% (n=3), 14,3% (n=2) et 42,85% (n=6) ont été obtenus au printemps, en été, en automne et en hiver, respectivement. Sur les trois *K. pneumoniae* isolés au printemps, 33,33 % (n=1), 66,66 % (n=2), 66,66 % (n=2), 33,33 % (n=1) et 33,33 % (n=1) ont montré une résistance à l'aztréonam, à la cefpodoxime, à la cefteriaxone, à la cefotaxime et à la ceftazidime, respectivement. Par conséquent, au stade du dépistage au printemps, 33,33 % (n=1) étaient soupçonnés de pouvoir produire des BLSE. Sur les trois *K. pneumoniae* isolés en été, 33,33 % (n=1), 33,33 % (n=1), 33,33 % (n=1) et 66,66 % (n=2) se sont révélés résistants à l'aztréonam, au cefpodoxim, à la cefteriaxone et à la ceftazidime, respectivement. Les résultats ont montré que tous les isolats étaient sensibles à la cefotaxime. Ainsi, au stade du dépistage en été, 33,33 % (n=1) étaient soupçonnés de pouvoir produire des BLSE. Sur les deux *K. pneumoniae* isolés en automne, 50% (n=1), 50% (n=1), 100% (n=2), 50% (n=1) et 50% (n=1) étaient résistants à l'aztéronam, à la cefpodoxime, à la cefteriaxone, à la cefotaxime et à la ceftazidime, respectivement. Par conséquent, au stade du dépistage en automne, 50 % (n=9) étaient soupçonnés de pouvoir produire des BLSE. Sur les dix-huit *K. pneumoniae* isolés en hiver, 66,7% (n=4), 66,7% (n=4), 83,4% (n=5), 50% (n=3) et 83,4% (n=5) étaient résistants à l'aztréonam, à la cefpodoxime, à la cefteriaxone, à la cefotaxime et à la ceftazidime, respectivement. Ainsi, au stade du dépistage en hiver, 66,7 % (n=11) étaient soupçonnés de pouvoir produire des BLSE (tableau 4.50) (figure 4.44).

Tableau 4.50 Stade de dépistage pour la détection des ESBL produisant *K.pneumoniae* chez les patients admis dans les unités de soins intensifs de l'hôpital Emam Reza

	K.pneumoniae	Ca	Ce	Ci	Cep	Ao
Printemps	3 (21.42%)	1 (33.33%)	1 (33.33%)	2 (66.66%)	2 (66.66%)	1 (33.33%)
Été	3 (21.42%)	2 (66.66%)	0	1 (33.33%)	1 (33.33%)	1 (33.33%)
Automne	2 (14.3%)	1 (50%)	1 (50%)	2 (100%)	1 (50%)	1 (50%)
Hiver	6 (42.85%)	5 (83.4%)	3 (50%)	5 (83.4%)	4 (66.7%)	4 (66.7%)
Total	**14 (100%)**	**9 (64.2%)**	**4 (28.6%)**	**10 (71.4%)**	**8 (57.1%)**	**7 (50%)**

Figure 4.44 Stade de dépistage de *K.pneumoniae* isolé chez les patients admis dans les unités de soins intensifs de l'hôpital Emam Reza

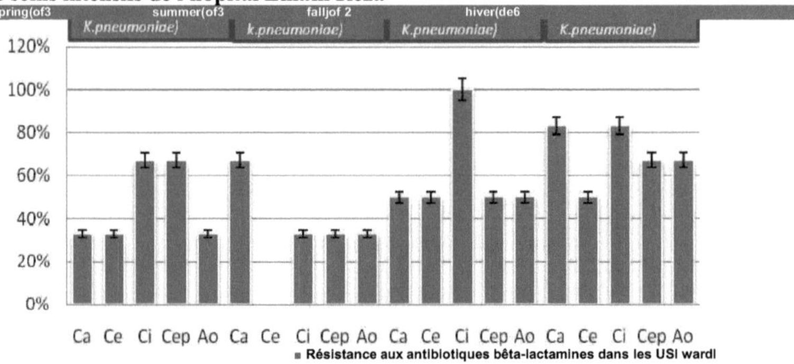

Sur les huit *K. pneumoniae* isolés chez des patients admis dans des services de chirurgie, 25% (n=2), 37,5% (n=3), 12,5% (n=1) et 25% (n=2) ont été obtenus au printemps, en été, en automne et en hiver, respectivement. Sur les trois *K. pneumoniae* isolés au printemps, aucun *K. pneumoniae* n'a été observé comme étant résistant à un quelconque antibiotique. Sur les trois *K. pneumoniae isolés en* été, 33,33% (n=1), 33,33% (n=1), 66,66% (n=2), 33,33% (n=1) et 66,66% (n=2) ont été trouvés résistants à l'aztréonam, au cefpodoxime, à la cefteriaxone, au cefotaxime et à la ceftazidime, respectivement. Ainsi, au stade du dépistage en été, 33,33 % (n=1) étaient soupçonnés de pouvoir produire des ESBL. Les résultats ont montré qu'un seul *K. pneumoniae*

isolé en automne ne présentait aucune résistance aux antibiotiques. Sur les deux *K. pneumoniae*

isolés en hiver, 50% (n=1), 50% (n=1), 100% (n=2), 50% (n=1) et 100% (n=2) étaient résistants

à l'aztréonam, à la cefpodoxime, à la cefteriaxone, à la cefotaxime et à la ceftazidime,

respectivement. Par conséquent, au stade du dépistage en hiver, 50 % (n=1) étaient soupçonnés

de pouvoir produire des BLSE (tableau 4.51) (figure 4.45).

Tableau 4.51 Stade de dépistage pour la détection des ESBL productrices de *K.pneumoniae* chez les patients admis dans les services de chirurgie de l'hôpital Emam Reza

	K.pneumoniae	Ca	Ce	Ci	Cep	Ao
Printemps	2 (25%)	0	0	0	0	0
Été	3 (37.5%)	2 (66.66%)	1 (33.33%)	2 (66.66%)	1 (33.33%)	1 (33.33%)
Automne	1 (12.5%)	0	0	0	0	0
Hiver	2 (25%)	2 (100%)	1 (50%)	2 (100%)	1 (50%)	1 (50%)
Total	8 (100%)	4 (50%)	2 (25%)	4 (50%)	2 (25%)	2 (25%)

Figure 4.45 Stade de dépistage de *K.pneumoniae* isolé chez les patients admis dans les services de chirurgie de l'hôpital Emam Reza

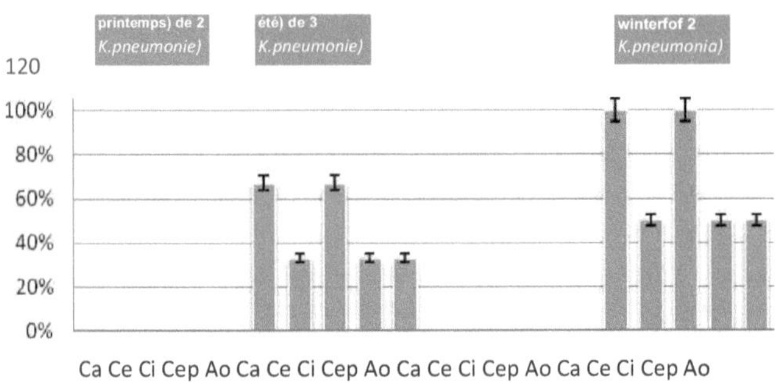

Sur les douze *K. pneumoniae* isolés de patients présentant des infections de lésions, 33,3 % (n=4), 25 % (n=3), 16,7 % (n=2) et 25 % (n=3) ont été obtenus au printemps, en été, en automne et en hiver, respectivement. Sur les quatre *K. pneumoniae* isolés au printemps, 25% (n=1), 25% (n=1), 25% (n=1) et 25% (n=1) se sont révélés résistants à l'aztréonam, la cefpodoxime, la cefteriaxone et la ceftazidime, respectivement. Les résultats ont montré qu'il n'y avait pas de résistance à la céfotaxime. Par conséquent, au stade du criblage au printemps, 25 % (n=1) étaient soupçonnés de pouvoir produire des BLSE. Sur les trois *K. pneumoniae* isolés en été, 33,33 % (n=1) ont montré une résistance à l'aztréonam et 33,33 % (n=1) à la ceftazidime. Tous étaient sensibles à la cefpodoxime, à la cefteriaxone et à la cefotaxime. Sur les deux *K.pneumoniae* isolés en automne, la résistance n'a été observée qu'à la ceftazidime. Sur les deux *K.pneumoniae isolés en hiver*, 33,3% (n=1), 33,3% (n=1), 66,7% (n=2), 33,3% (n=1) et 66,7% (n=2) étaient résistants à l'aztréonam, à la cefpodoxime, à la cefteriaxone, à la cefotaxime et à la ceftazidime, respectivement. Ainsi, au stade du dépistage en hiver,

33.3 % (n=1) étaient soupçonnés de pouvoir produire des ESBL (tableau 4.52) (figure 4.46).

Table 4.52   Étape de dépistage pour la détection de *K.pneumoniae* produisant des ESBL de patients souffrant d'infections de lésions à l'hôpital Emam Reza

K.pneumoniae	Ca	Ce	Ci	Cep	Ao
Printemps 4 (33.3%)	1 (25%)	0	1 (25%)	1 (25%)	1 (25%)
Été 3 (25%)	1 (33.3%)	0	0	0	1 (33.3%)
Automne 2 (16.7%)	1 (50%)	0	0	0	0
Hiver 3 (25%)	2 (66.7%)	1 (33.3%)	2 (66.7%)	1 (33.3%)	1 (33.3%)
Total 12 (100%)	5 (41.6%)	1 (8.3%)	3 (25%)	2 (16.6%)	3 (25%)

Figure 4.46 Stade de dépistage de *K.pneumoniae* isolé chez des patients présentant des infections de lésions à l'hôpital Emam Reza

Sur les douze *K. pneumoniae* isolés de patients atteints d'ITG, 33,4 % (n=8), 20,83 % (n=5),

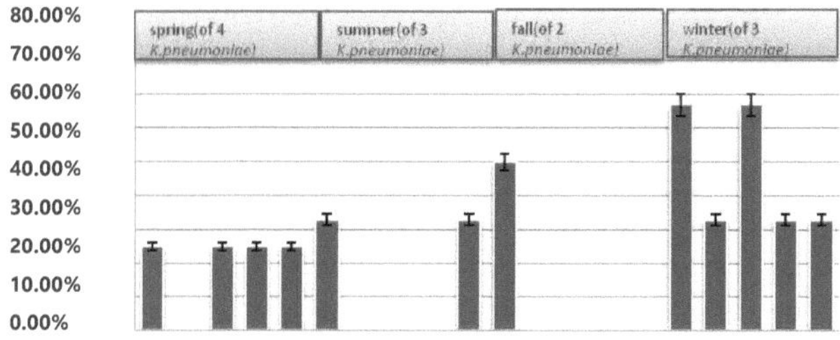

20,83 % (n=5) et 25 % (n=6) ont été trouvés au printemps, en été, en automne et en hiver

respectivement. Sur les huit *K. pneumoniae* isolés au printemps, 50% (n=4), 62,5% (n=5), 87,5% (n=7), 75% (n=6) et 100% (n=8) étaient résistants à l'aztréonam, à la cefpodoxime, à la cefteriaxone, à la cefotaxime et à la ceftazidime, respectivement. Par conséquent, au stade du dépistage au printemps, 50 % (n=4) étaient soupçonnés de pouvoir produire des BLSE. Sur les cinq *K. pneumonia* isolés en été, 20% (n=1), 20% (n=1), 20% (n=1), 40% (n=2) et 40% (n=2) étaient résistants à l'aztréonam, la cefpodoxime, la cefteriaxone, la cefotaxime et la ceftazidime, respectivement. Ainsi, au stade du dépistage en été, 20 % (n=1) étaient soupçonnés d'être capables de produire des ESBL. Sur les cinq *K. pneumoniae* isolés en automne, 60% (n=3), 60% (n=3), 80% (n=4), 60% (n=3) et 60% (n=3) étaient résistants à l'aztréonam, à la cefpodoxime, à la cefteriaxone, à la cefotaxime et à la ceftazidime, respectivement. Ainsi, au stade du criblage en automne, 60% (n=3) des isolats étaient soupçonnés de pouvoir produire des BLSE. Sur les six *K. pneumoniae* isolés en hiver, 83,3% (n=5), 83,3% (n=5), 100% (n=6), 83,3% (n=5) et 100% (n=6) étaient résistants à l'aztréonam, à la cefpodoxime, à la ceftériaxone, à la céfotaxime et à la ceftazidime, respectivement. Par conséquent, au stade du dépistage en hiver, 83,3 % (n=5) étaient soupçonnés de pouvoir produire des BLSE (tableau 4.53) (figure 4.47).

Tableau 4.53 Stade de dépistage pour la détection de *K.pneumoniae* produisant des ESBL chez les patients atteints d'IAG à l'hôpital Emam Reza

	K.pneumoniae	Ca	Ce	Ci	Cep	Ao
Printemps	8 (33.4%)	8 (100%)	6 (75%)	7 (87.5%)	5 (62.5%)	4 (50%)
Été	5 (20.83%)	2 (40%)	2 (40%)	1 (20%)	1 (20%)	1 (20%)
Automne	5 (20.83%)	3 (60%)	3 (60%)	4 (80%)	3 (60%)	3 (60%)
Hiver	6 (25%)	6 (100%)	5 (83.3%)	6 (100%)	5 (83.3%)	5 (83.3%)
Total	24 (100%)	19 (79.1%)	16 (66.6%)	18 (75%)	14 (58.3%)	13 (54%)

Figure 4.47 Stade de dépistage de *K.pneumoniae* isolé chez les patients atteints d'une ITG à l'hôpital Emam Reza

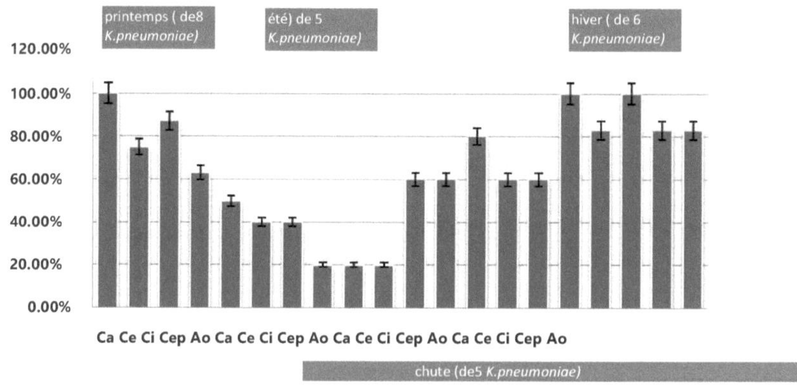

4.3.2 Confirmation du stade de *K. pneumoniae*

Sur les quarante-cinq *K. pneumoniae* recueillis auprès de patients souffrant d'infections urinaires, 46,7 % étaient soupçonnés de pouvoir produire des ESBL au stade du dépistage. Sur ces 4,8 % (n=1), 42,8 % (n=9) et 52,4 % (n=11) ont été obtenus au printemps, à l'automne et en hiver. Un *K. pneumoniae* suspecté de pouvoir produire des BLSE a été obtenu au printemps et confirmé par la ceftazidime/acide clavulanique et la cefpodoxime/acide clavulanique au stade de la confirmation. Sur les neuf *K. pneumoniae suspectés de produire des BLSE en* automne, 88,9% (n=8), 11,1% (n=1) et 100% (n=9) ont été confirmés respectivement par la ceftazidime/acide clavulanique, la cefotaxime/acide clavulanique et la cefpodoxime/acide clavulanique, au stade de la confirmation. Sur les onze *K. pneumoniae* suspectés de pouvoir produire des BLSE en hiver, 81,8% (n=9), 27,3% (n=3) et 100% (n=11) ont été confirmés par la ceftazidime/acide clavulanique, la cefotaxime/acide clavulanique et la cefpodoxime/acide clavulanique, respectivement, au stade de la confirmation (tableau 4.54) (figure 4.48).

Tableau 4.54 Confirmation du stade et de l'effet des antibiotiques non bêta-lactamines

sur les ESBL produisant des *K.pneumoniae* chez les patients souffrant d'une infection urinaire à l'hôpital Emam Reza

	KPSPE	Cac	Cec	Cepc	Ak	Cf.	Co	I
Printemps	1 (4.8%)	1 (100%)	0	1(100%)	0	0	0	0
Automne	9 (42.8%)	8 (88.9%)	1 (11.1%)	9 (100%)	3 (33.3%)	0	2 (22.2%)	
Hiver	11 (52.4%)	9 (81.8%)	3 (27.3%)	11 (100%)	4 (36.4%)	1 (9%)	2 (18.8%)	0
Total	21 (100%)	18 (85.7%)	4 (19%)	21 (100%)	7 (33.3%)	1 (4.8%)	4 (19%)	

Sur les dix-sept *K. pneumoniae prélevés sur des* patients admis dans des unités de soins intensifs, 50% étaient soupçonnés de pouvoir produire des ESBL au stade du dépistage. Parmi ceux-ci, 14,3 % (n=1), 14,3 % (n=1), 14,3 % (n=1) et 57,1 % (n=4) ont été trouvés au printemps, en été, en automne et en hiver, respectivement. Un *K. pneumoniae* suspecté de produire une ESBL a été obtenu au printemps et confirmé par la ceftazidime/acide clavulanique et la cefpodoxime/acide clavulanique. Un *K. pneumoniae suspecté de produire des BLSE a* été trouvé en été et confirmé par la ceftazidime/acide clavulanique, la cefotaxime/acide clavulanique et la cefpodoxime/acide clavulanique. Un *K. pneumoniae* suspecté de pouvoir produire des ESBL a été obtenu en automne et confirmé par la ceftazidime/acide clavulanique ainsi que par la cefpodoxime/acide clavulanique au stade de la confirmation. Les quatre *K. pneumoniae suspectés de pouvoir produire des BLSE en* hiver ont été confirmés par la ceftazidime/acide clavulanique et la cefpodoxime/acide clavulanique (tableau 4.55) (figure 4.49).

Tableau 4.55 Confirmation du stade et de l'effet des antibiotiques non bêta-lactamines sur les ESBL productrices de *K.pneumoniae* isolées chez les patients des unités de soins intensifs de l'hôpital Emam Reza

	KPSPE	Cac	Cec	Cepc	Ak	Cf.	Co	I
Printemps	1 (14.3%)	1 (100%)	0	1 (100%)	0	0	0	0
Été	1 (14.3%)	1 (100%)	1 (100%)	1 (100%)	0	0	1 (100%)	0
Automne	1 (14.3%)	1 (100%)	0	1 (100%)	1 (100%)	0	0	0
Hiver	4 (57.1%)	4 (100%)	0	4 (100%)	0	0	1(25%)	0
Total	**7 (100%)**	**7 (100%)**	**1 (14.2%)**	**7 (100%)**	**1 (14.2%)**	**0**	**2 (28.5%)**	**0**

Sur les huit *K. pneumoniae prélevés sur des* patients dans les services de chirurgie, 25% (n=2) étaient soupçonnés de pouvoir produire des ESBL au stade du dépistage. Sur ces 25 % (n=2), 50 % (n=1) ont été obtenus en été et 50 % (n=1) en hiver. Les deux ont été confirmées par la ceftazidime/acide clavulanique et la cefpodoxime/acide clavulanique (tableau 4.56) (figure 4.50).

Tableau 4.56 Confirmation du stade et de l'effet des antibiotiques non bêta-lactamines sur les ESBL productrices de *K.pneumoniae* isolées chez les patients des services de chirurgie de l'hôpital Emam Reza

	KPSPE	Cac	Cec	Cepc	Ak	Cf.	Co	I
été	1 (50%)	1 (100%)	1 (100%)	1 (100%)	0	0	1 (100%)	0
hiver	1 (50%)	1 (100%)	0	1 (100%)	0	0	0	0

Sur les douze *K. pneumoniae prélevés sur des* patients présentant des infections de lésions, 25% (n=3) étaient suspectés de produire des BLSE au stade du dépistage, dont 33,3% (n=1), 33,3% (n=1) et 33,3% (n=1) ont été trouvés au printemps, en été et en hiver, respectivement. La présence de *K. pneumoniae* soupçonné de produire des BLSE au printemps et en hiver a été confirmée par la ceftazidime/acide clavulanique et la cefpodoxime/acide clavulanique. Cependant, un *K. pneumoniae* obtenu en été a montré qu'il était susceptible de produire des ESBL. Cependant, il était résistant à la ceftazidime et à l'aztréonam et sensible à la cefpodoxime. Il n'a donc pas été confirmé au stade de la confirmation (tableau 4.57) (figure 4.51).

Tableau 4.57 Confirmation du stade et de l'effet des antibiotiques non bêta-lactamines sur les ESBL productrices de *K.pneumoniae* isolées chez des patients présentant des infections lésionnelles à l'hôpital Emam Reza

	KPSPE	Cac	Cec	Cepc	Ak	Cf	Co	I
Printemps	1 (33.3%)	1 (100%)	0	1 (100%)	0	0	0	0
Été	1 (33.3%)	0	0	0	0	0	0	0
Hiver	1 (33.3%)	1 (100%)	0	1 (100%)	0	0	0	0
Total	3 (100%)	2 (66.6%)	0	2 (66.6%)	0	0	0	0

Sur les vingt-cinq *K. pneumoniae prélevés sur des* patients atteints d'ITG, 54,1 % (n=13) étaient soupçonnés de produire des BLSE au stade du dépistage, dont 30,8 % (n=4), 7,7 % (n=1), 23 % (n=3) et 38,5 % (n=5) ont été obtenus au printemps, en été, en automne et en hiver, respectivement. Les résultats ont montré que tous ont été confirmés par la ceftazidime/acide clavulanique et la cefpodoxime/acide clavulanique, à l'exception de *K. pneumoniae* collecté au printemps, qui a été confirmé par la ceftazidime/acide clavulanique, la cefotaxime /acide clavulanique et la cefpodoxime/acide clavulanique (tableau.58) (figure.52).

Tableau 4.58 Confirmation du stade et de l'effet des antibiotiques non bêta-lactamines sur les ESBL productrices de *K.pneumoniae* isolées chez des patients atteints d'ITG à l'hôpital Emam Reza

	KPSPE	Cac	Cec	Cepc	Ak	Cf.	Co	I
Printemps	4 (30.8%)	4 (100%)	1 (25%)	4 (100%)	1 (25%)	0	1 (25%)	0
Été	1 (7.7%)	1 (100%)	0	1(100%)	0	0	0	0
Automne	3 (23%)	3 (100%)	0	3 (100%)	1 (33.3%)	1 (33.3%)	1 (33.3%)	0
Hiver	5 (38.5%)	5 (100%)	0	5 (100%)	1 (20%)	0	1 (20%)	0

| Total | 13 (100/) | 13 113 (WO"/")(7·7%) | 3 1 (1oo%)(23%) | (7·7%) | (23%) | (7.7%) |

4.3.3 Effets des antibiotiques non bêta-lactamines sur les ESBL productrices de *K. pneumoniae*

Les résultats ont montré qu'à l'hôpital Emam Reza, les *K. pneumoniae* isolés de patients souffrant d'IU se sont révélés capables de produire des ESBL Sur les neuf *K. pneumoniae* produisant des ESBL en automne, 33,3% (n=3) étaient résistants à l'amikacine et 22,2% (n=2) au cotrimoxazol . Sur les onze *K. pneumoniae produisant des* ESBL en hiver, 36,4 % (n=4), 9 % (n=1) et 18,8 % (n=2) des isolats étaient résistants à l'amikacine, à la ciprofloxacine et au cotrimoxazol, respectivement (tableau 4.57) (figure 4.48).

Figure 4.48 Confirmation du stade et de la résistance aux antibiotiques non bêta-lactamines chez des *K.pneumoniae* isolés de patients souffrant d'IU à l'hôpital Emam Reza

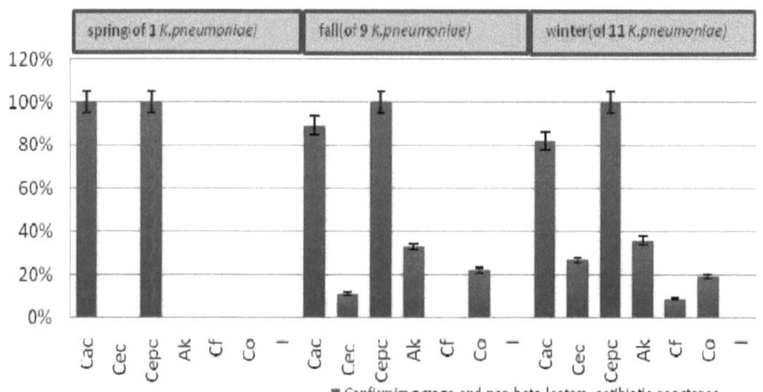

Dans les unités de soins intensifs, un *K. pneumoniae* produisant des ESBL a été isolé à chaque saison, sauf au printemps, qui s'est avéré résistant au cotrimoxazol en été et en hiver. Le *K. pneumoniae produisant des ESBL isolé en* automne, a montré une résistance à l'amikacine (tableau 4.58) (figure 4.49).

Figure 4.49 Confirmation du stade et de la résistance aux antibiotiques non bêta-lactamines chez *K.pneumoniae* isolée chez des patients admis dans les unités de soins intensifs de l'hôpital Emam Reza

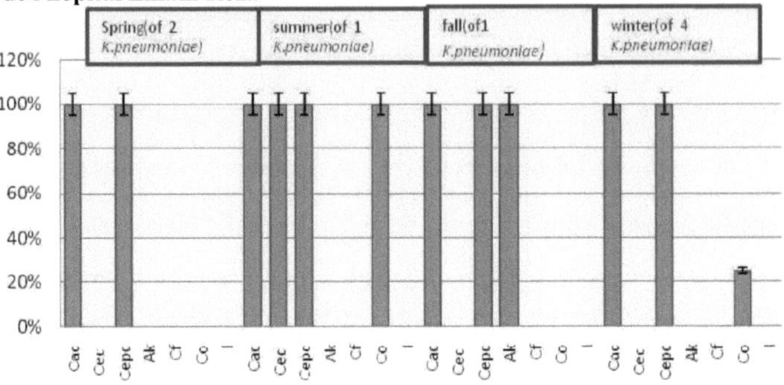

Parmi les patients des services de chirurgie, seul un *K. pneumoniae* produisant des ESBL en été

s'est révélé résistant au cotrimoxazol (tableau 4.59) (figure 4.50).

Figure 4.50 Confirmation du stade et de la résistance aux antibiotiques non bêta-lactamines chez *K.pneumoniae* isolée chez des patients admis dans les services de chirurgie de l'hôpital Emam Reza

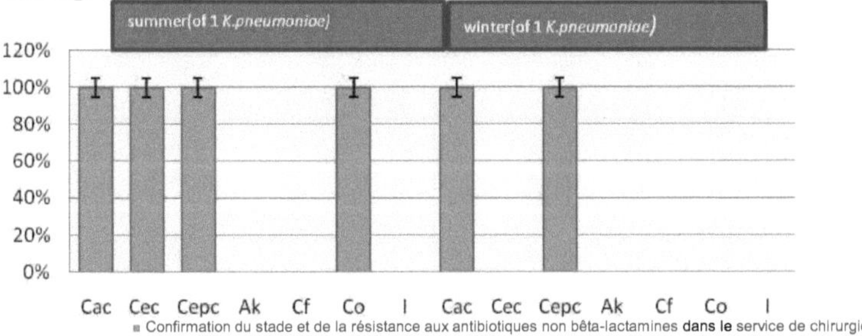

Aucune résistance aux antibiotiques non bêta-lactamines n'a été observée chez l'ensemble des patients présentant des infections lésionnelles (tableau 4.61) (figure 4.51).

Figure 4.51 Confirmation du stade et de la résistance aux antibiotiques non bêta-lactamines chez *K.pneumoniae* isolée chez des patients présentant des infections lésionnelles à l'hôpital Emam Reza

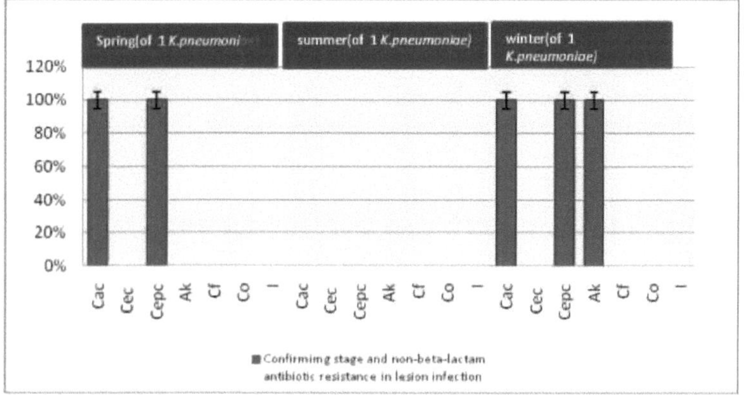

Parmi les patients atteints d'ITG, sur les quatre *K. pneumoniae* produisant des ESBL au printemps, 25% (n=1) se sont révélés résistants à l'amikacine et 25% (n=1) au cotrimoxazol. En été, aucune résistance aux antibiotiques n'a été observée. Sur les trois *K. pneumoniae produisant des* ESBL en automne, 33,3 % (n=1), 33,3 % (n=1) et 33,3 % (n=1) se sont révélés résistants à l'amikacine, à la ciprofloxacine et au cotrimoxazol, respectivement. Sur les cinq *K. pneumoniae* produisant des ESBL en hiver, 20 % (n=1) étaient résistants à l'amikacine et 33,3 % (n=1) au cotrimoxazol (tableau 4.61) (figure 4.52).

Figure 4.52 Confirmation du stade et de la résistance aux antibiotiques non bêta-lactamines chez *K.pneumoniae* isolée chez des patients atteints d'ITG à l'hôpital Emam Reza

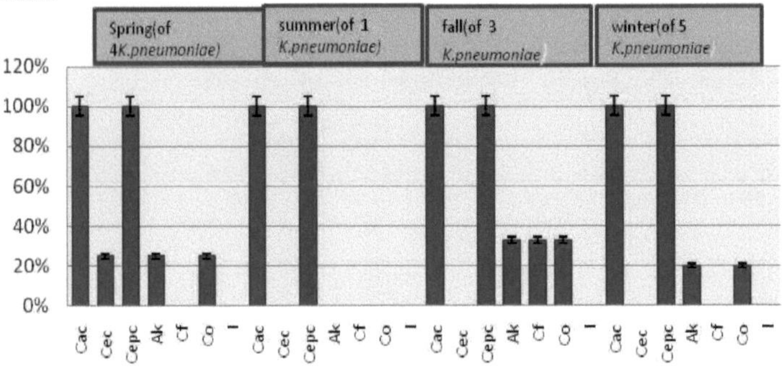

4.3.4 Résultats du PCR

Sur les trente-neuf *K. pneumoniae* avec le blaSHV, 38,5 % (n=15), 18 % (n=7), 5,1 % (n=2), 5,1 % (n=2) et 33,3 % (n=13) provenaient respectivement de patients souffrant d'infections urinaires, de patients dans des unités de soins intensifs, de services de chirurgie, de patients souffrant d'infections de lésions et de patients souffrant d'infections urinaires aiguës (figure 4.53).

Figure 4.53 Fréquence du blaSHV à l'hôpital Emam Reza

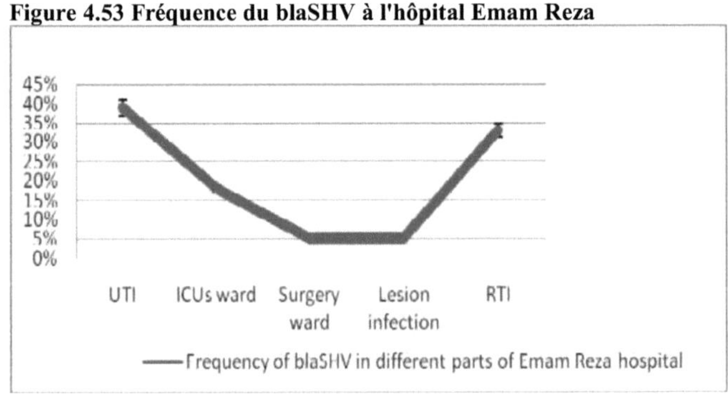

Sur les sept *K. pneumoniae* avec blaTEM, 71,4 % (n=5), 14,3 % (n=1) et 14,3 % (n=1) ont été obtenus respectivement auprès de patients souffrant d'infections urinaires, de patients dans des unités de soins intensifs et de patients souffrant d'infections respiratoires aiguës.

Figure 4.54 Fréquence du blaTEM à l'hôpital Emam Reza

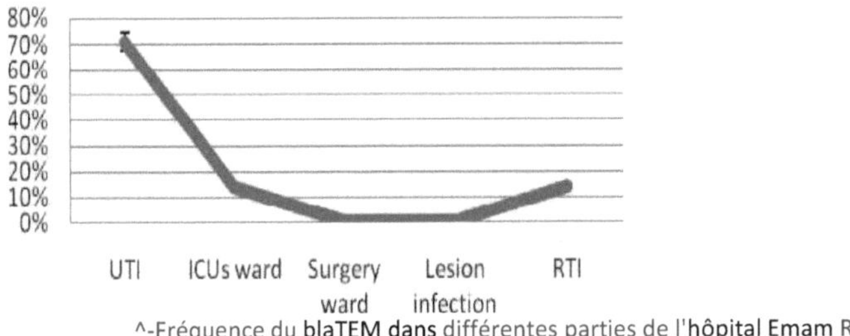

Sur les sept *K. pneumoniae* avec blaCTX-M, 57,1 % (n=4), 14,3 % (n=1), 14,3 % (n=1) et 14,3 % (n=1) provenaient respectivement de patients souffrant d'infections urinaires, de patients dans des unités de soins intensifs, de services de chirurgie et de patients souffrant d'infections urinaires répétées (figure 4.55).

Figure 4.55 Fréquence du blaCTX-M à l'hôpital Emam Reza

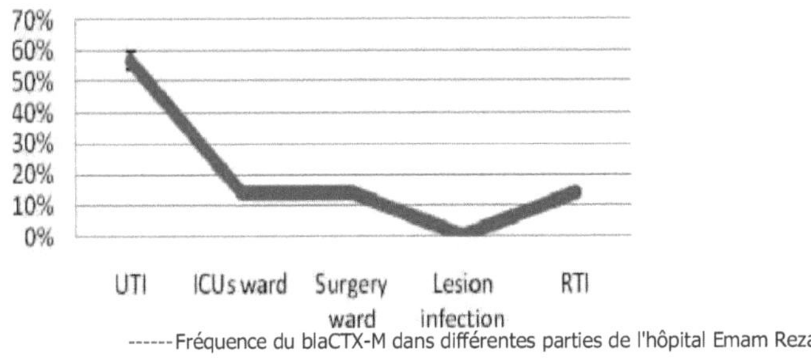

Sur les quinze *K. pneumoniae* avec blaSHV provenant de patients souffrant d'infections urinaires, 100 % (n=1), 88,9 % (n=8) et 55,4 % (n=6) ont été obtenus au printemps, à l'automne et en hiver, respectivement. Cinq *K. pneumoniae* avec blaTEM ont été observés, dont 22,3 % (n=2) ont été obtenus en automne et 27,3 % (n=3) en hiver. Sur les quatre *K. pneumoniae* avec blaCTX-M provenant de patients atteints d'IU, 11,1 % (n=1) et 27,3 % (n=3) ont été obtenus en

automne et en hiver, respectivement (figure 4.56).

**Figure 4.56 Fréquence de la détection par blaSHV, TEM et CTX-M de *K.pneumoniae*
isolée chez des patients souffrant d'IU à l'hôpital Emam Reza**

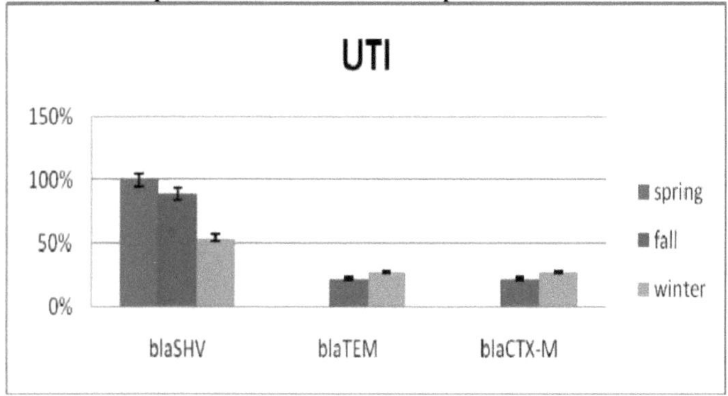

Sur les sept *K. pneumoniae* avec blaSHV provenant de patients admis dans des unités de soins
intensifs, 100 % (n=1), 100 % (n=1), 100 % (n=1) et 100 % (n=4) ont été obtenus au printemps,
en été, en automne et en hiver, respectivement. Un *K. pneumoniae* avec blaTEM a été isolé au
printemps et un autre

K.pneumoniae avec du blaCTX-M a été isolé en été (figure 4.57).

**Figure 4.57 Fréquence de la détection de *K.pneumoniae par* BlaSHV, TEM et CTX-M
isolée chez les patients admis dans les unités de soins intensifs de l'hôpital Emam Reza**

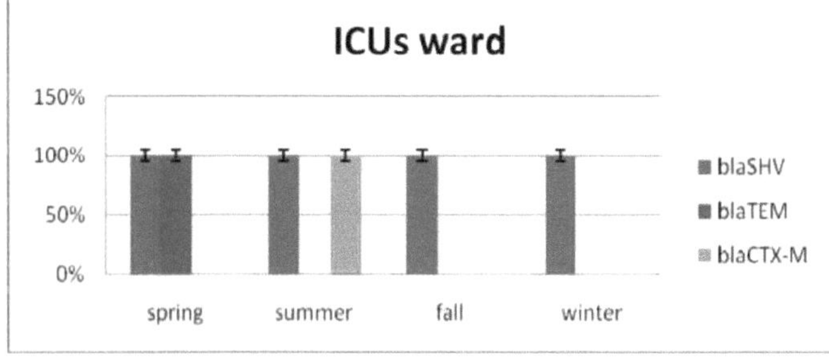

Sur les deux *K. pneumoniae* avec blaSHV provenant de patients admis dans les services de chirurgie, 100 % (n=1) et 100 % (n=1) ont été obtenus en été et en hiver, respectivement. Les résultats ont montré qu'une seule *K. pneumoniae* avec blaCTX-M a été isolée en été (figure 4.58).

Figure 4.58 Fréquence de la détection de *K.pneumoniae par* BlaSHV, TEM et CTX-M isolée chez les patients admis dans les services de chirurgie de l'hôpital Emam Reza

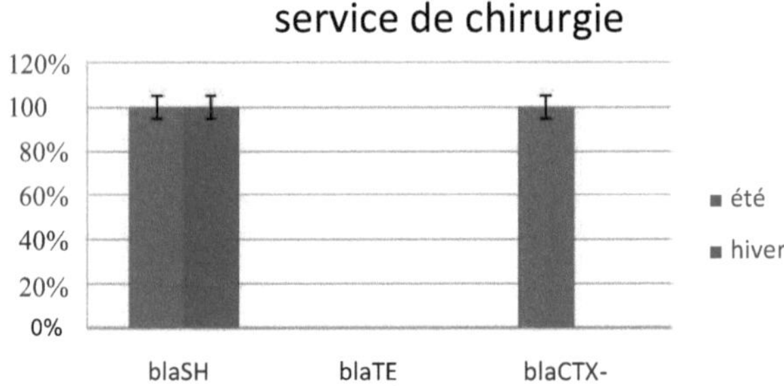

Sur les deux *K. pneumoniae* atteints de blaSHV par des infections de lésions, 100 % (n=1) ont été trouvés au printemps et 100 % (n=1) en hiver (figure 4.59).

Figure 4.59 Fréquence de la détection par BlaSHV, TEM et CTX-M de *K.pneumoniae* isolée chez des patients présentant des infections lésionnelles à l'hôpital Emam Reza

infections de lésions Sur les treize *K.*
pneumoniae avec le blaSHV provenant de
patients atteints d'ITG, 100 % (n=4), 100 %
(n=1), 100 % (n=3) et 100 % (n=5) ont été
obtenus au printemps, en été, en automne et en
hiver, respectivement. Un seul *K.pneumoniae*
avec blaTEM et blaCTX-M a été isolé au
printemps (figure 4.60).

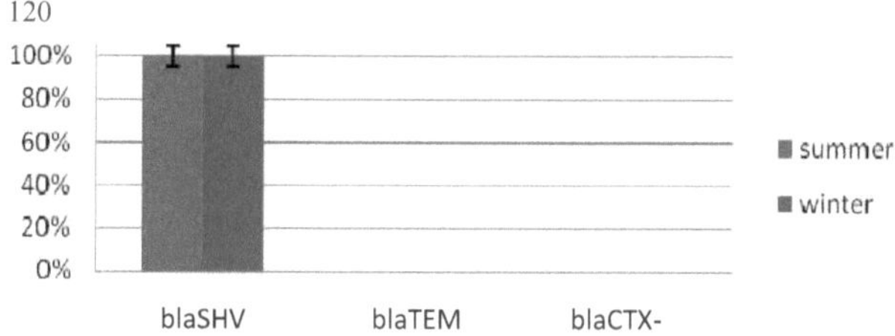

**Figure 4.60 Fréquence de la détection par blaSHV, TEM et CTX-M de *K.pneumoniae*
isolée chez des patients souffrant d'IU à l'hôpital Emam Reza**

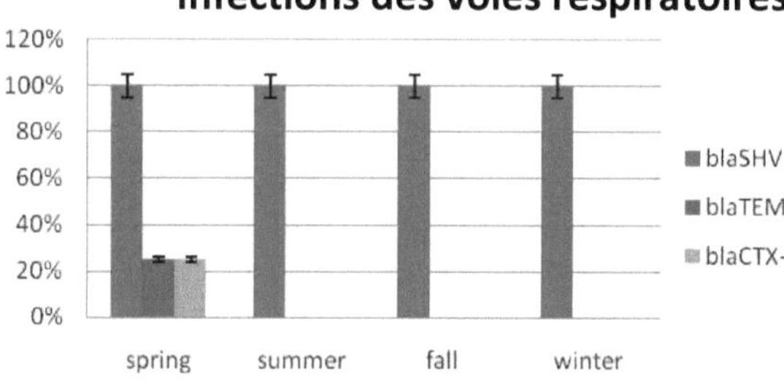

L'analyse statistique a montré que 6,7% des ESBL positives pour *K.pneumoniae* abritaient deux
ou trois gènes d'ESBL, et la fréquence de blaSHV-TEM, blaSHV-CTX-M et balSHV-TEM-
CTX-M était respectivement de 1%, 4,8% et 1%. Ces analyses statistiques ont également
indiqué que 86,7%, 15,6% et 15,6% des *K.pneumoniae* produisant des ESBL étaient positifs
pour blaSHV, blaTEM et blaCTX-M, respectivement (Annexe 13).

K. Ocytoca

Sur les quatre *K.oxytoca* collectés à l'hôpital Emam Reza, 25% (n=1) et 75% (n=3) provenaient respectivement des services de chirurgie et de RTI. Les résultats ont montré que 75 % des *K.oxytoca* produisaient des ESBL.

4.3.5 Stade de dépistage de *K.oxytoca*

Les résultats pour un *K.oxytoca,* qui a été isolé en automne, chez des patients admis dans les services de chirurgie, ont montré une résistance à la ceftazidime et à la cefteriaxone (figure 4.61).

Figure 4.61 Stade de dépistage de la *K.oxytoca* isolée chez les patients admis dans les services de chirurgie de l'hôpital Emam Reza

chute (de 1 K.oxytoca)

Sur les trois *K.oxytoca* isolés de patients atteints d'ITG, 33,3% (n=1) ont été obtenus en automne et 66,7% (n=2) en hiver. Les résultats ont montré que le *K.oxytoca* recueilli en automne était résistant à toutes les céphalosprines de troisième génération utilisées dans cette étude. Au stade du dépistage en automne, un seul *K.oxytoca a* été suspecté de produire de l'ESBL. Sur les deux *K.oxytoca collectés en* hiver, 50% (n=1) étaient résistants à toutes les céphalosprines de troisième génération. En hiver, un seul *K.oxytoca a été suspecté de produire de l'ESBL* (figure 4.62).

Figure 4.62 Stade de dépistage de la *K.oxytoca* isolée chez les patients atteints d'ITG dans les services de chirurgie de l'hôpital Emam Reza

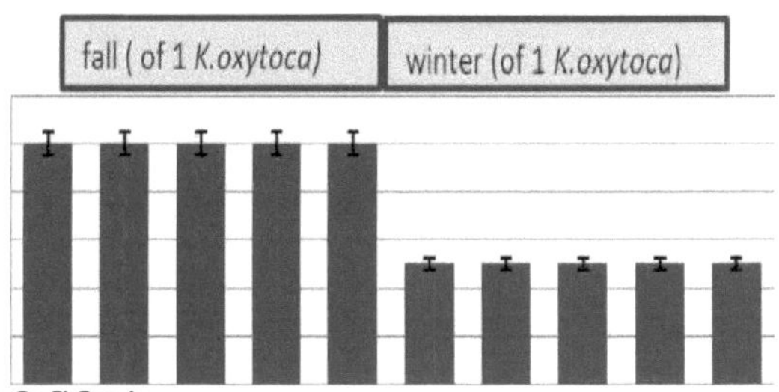

4.3.6 Confirmation du stade de *K.oxytoca*

Un *K.oxytoca* prélevé sur les patients dans les salles d'opération en automne a été suspecté de produire des ESBL. Il a été confirmé par la ceftazidime/acide clavulanique et la cefpodoxime/acide clavulanique au stade de la confirmation (figure 4.63).

Figure 4.63 Confirmation du stade et de la résistance aux antibiotiques non bêta-lactamines dans le *K.oxytoca* isolé chez des patients admis - dans les services de chirurgie de l'hôpital Emam Reza

chute (de 1 *K.oxytoca*)

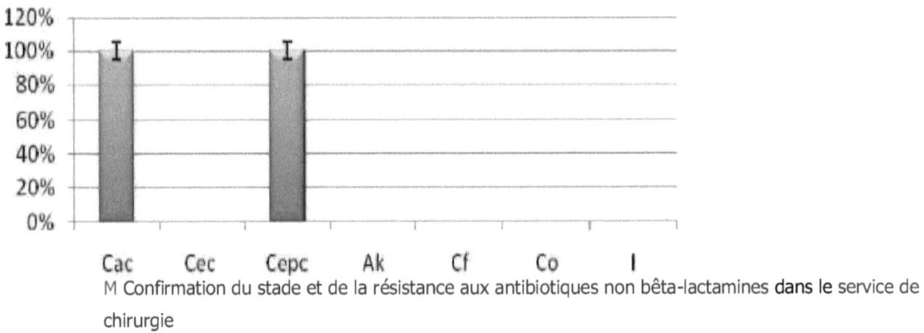

И Confirmation du stade et de la résistance aux antibiotiques non bêta-lactamines dans le service de chirurgie

Les résultats ont indiqué qu'un *K.oxytoca prélevé sur des* patients atteints d'une ITG en automne était soupçonné de produire des ESBL. Il a été confirmé par le ceftazidim/acide clavulanique et le cefpodoxim/acide clavulanique au stade de la confirmation. Sur les deux *K.oxytoca prélevés chez les patients atteints d'*une ITG en hiver, l'un était soupçonné de pouvoir produire des ESBL. Elle a été confirmée par la ceftazidime/acide clavulanique et la cefpodoxime/acide clavulanique (Figure 4.64).

Figure 4.64 Confirmation du stade et de la résistance aux non-bêta-lactam antibiotiques dans *K.oxytoca* isolés chez des patients atteints d'IRT à l'hôpital Emam Reza

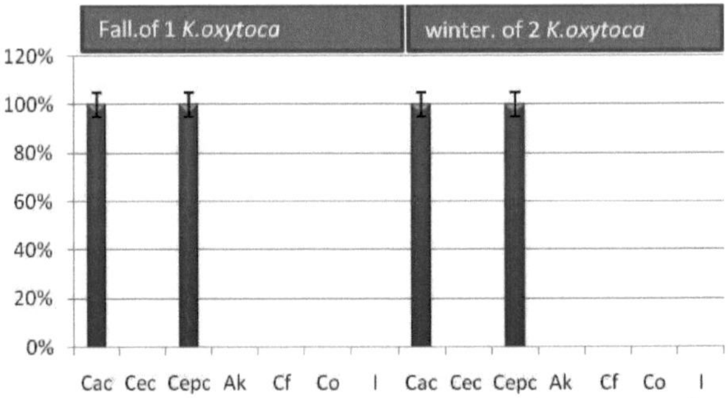

И Confirmation du stade et de la résistance aux antibiotiques non bêta-lactamines dans les ITG

Aucune résistance aux antibiotiques non bêta-lactamines n'a été observée dans les ESBL productrices de *K.oxytoca*, que ce soit dans les hôpitaux d'Ilam ou de Tabriz. Les résultats ont montré que le BlaSHV était responsable de la production d'ESBL. La confirmation et la non-confirmation des ESBL sont présentées aux figures 4.65 et 4.66. Les résultats de la PCR sont

présentés dans les figures 4.67 à 4.69.

Figure 4.65 Non-confirmation des ESBL au stade de la confirmation

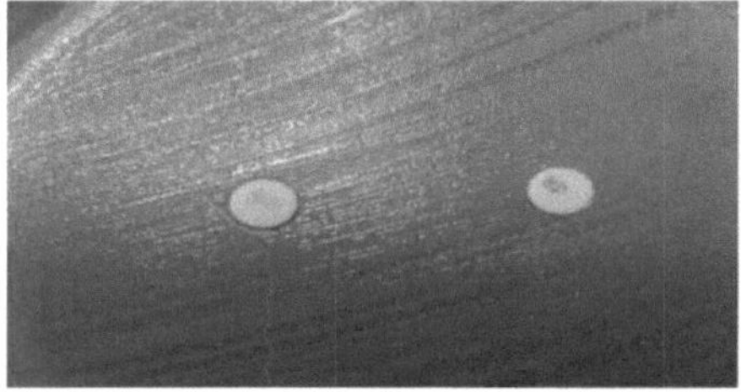

Figure 4.66 Confirmation des ESBL au stade de la confirmation

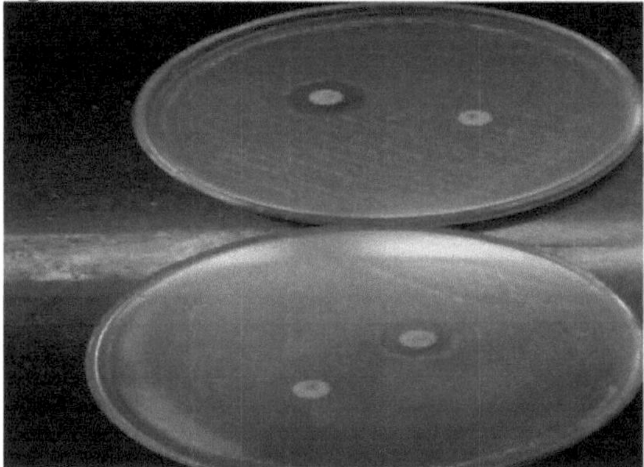

Figure 4.67 Electrophérose sur gel d'agarose du fragment amplifié obtenu par PCR pour blaTEM. 1= témoin négatif M= marqueur de poids moléculaire (100 pb) 2= *K.pneumoniae* 7881 (témoin positif), 3-7 blaTEM.

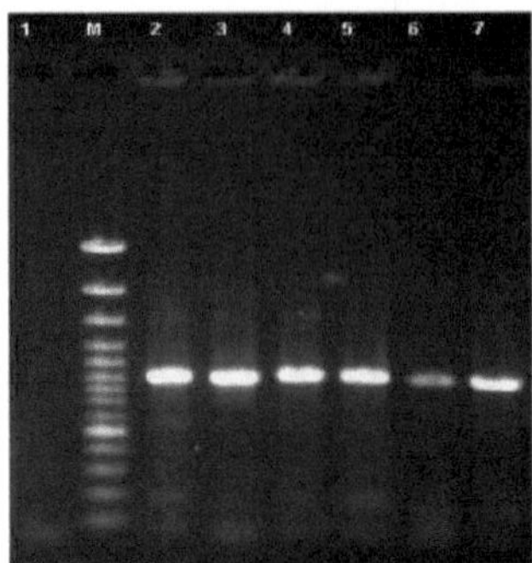

Figure 4.68 Electrophérose sur gel d'agarose du fragment amplifié obtenu par PCR pour le blaSHV et le blaCTX-M. M= marqueur de poids moléculaire (50bp) 1= *K.pneumoniae* 7881 (contrôle positif), 2-5 blaSHV, 6-10 BlaCTX-M, 11=contrôle négatif

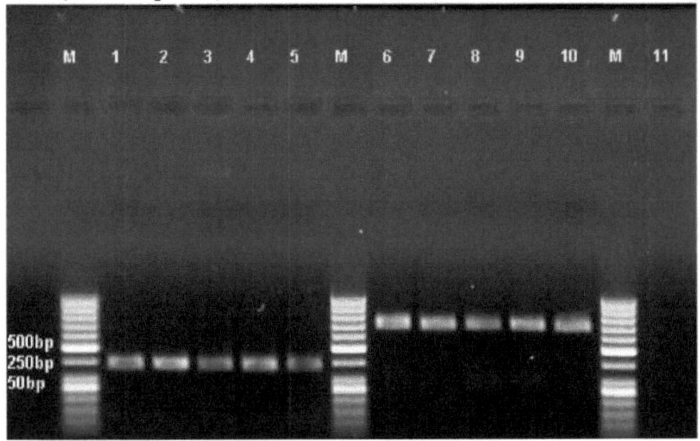

Figure 4.69 Electrophérose sur gel d'agarose du fragment amplifié obtenu par PCR pour blaCTX-M. M= marqueur de poids moléculaire (50bp) 1= témoin négatif 2-4 BlaCTX-M.

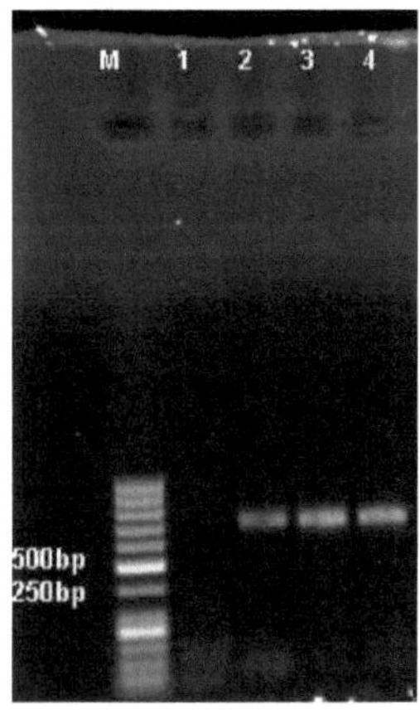

CHAPITRE 5

DISCUSSION

Le développement des céphalosporines à spectre étendu au début des années 80 a été considéré comme un ajout majeur à notre arsenal thérapeutique dans la lutte contre la résistance bactérienne à médiation par la bêta-lactamase (Bush, 2002). Malheureusement, l'émergence de *K. pneumoniae* résistant à la ceftazidime et à d'autres céphalosporines a sérieusement compromis l'efficacité de ces antibiotiques vitaux. Les nouvelles bêta-lactamases bactériennes présentes dans ces bacilles entériques communs (les enzymes mères TEM-1 et SHV-1) ont démontré des propriétés hydrolytiques uniques. Des mutations ponctuelles dans les gènes *blaSHV* et *blaTEM* qui ont entraîné des modifications d'un seul acide aminé (Gly238 >Ser, Glu240 >Lys, Arg164 >Ser, Arg164 >His, Asp179 >Asn, et Glu (Asp) 104 >Lys) ont constitué la base de ce remarquable phénotype de résistance (Jacoby et al., 1991). Actuellement, les ESBL deviennent une menace majeure pour les patients dans les hôpitaux, les établissements de soins de longue durée et la communauté.

Les patients infectés par des entérobactéries produisant des ESBL ont tendance à avoir des résultats moins satisfaisants que ceux infectés par des agents pathogènes ne produisant pas d'ESBL (Marra et al., 2006). Dans une étude prospective multinationale analysant les infections du sang dues à des isolats de *K.pneumoniae produisant des ESBL, on a* constaté que la monothérapie par céphalosporine était associée à un taux de mortalité de 40 % sur 14 jours (Paterson et al., 2004).

Les données obtenues à partir d'échantillons cliniques de *K. pneumoniae, ont* montré une forte résistance aux antibiotiques. La résistance aux antibiotiques a augmenté dans le monde entier dans le cas de la *Klebsiella* (Shannon et Phillips. 1980).

Carbapenems are the drugs of choice for many infections caused by Gram-positive and Gram-negative bacteria (Yu et al., 2002). Imipenem was found to be the most effective antibiotics. The results indicated that all isolates were susceptible to imipenem. This is consistent with findings of Al-Zahrani and Akhtar from Saudi Arabia (Al-zahrani and Akhtar, 2005). Gram-negative pathogens harbouring ESBLs have caused numerous outbreak of infections and are becoming an increasing therapeutic problem in many countries. The incidence of ESBL-producing strains among clinical isolates has been steadily increasing over the past years resfulting in limitations of therapeutic option (Podschun et al., 1998). ESBLs are now a significant problem in hospitalized patients throughout the world. The prevalence of ESBLs among clinical isolates varies worldwide and patterns are rapidly changing over time (Livermore, 1995). Patients suffering from infections caused by ESBL- producing organisms are at higher risks of treatment failures with broad-spectrum betalactam antibiotics. Therefore, it is recommended that any organisms confirmed for ESBL production experimentally, should be reported as resistant to the entire broad-spectrum betalactame, quels que soient les résultats des antibiogrammes (NCCLS, 2000). Le test phénotypique ne fait que présumer de la présence de l'ESBL. L'identification des BLSE spécifiques présentes dans les isolats cliniques est plus compliquée. La méthode moléculaire la plus simple et la plus courante utilisée pour détecter la présence d'une bêta-lactamase appartenant à une famille d'enzymes est la PCR avec des amorces oligonucléotidiques spécifiques du gène de la bêta-lactamase. Ces amorces sont généralement choisies pour s'hybrider à des régions où l'on ne connaît pas l'existence de diverses mutations ponctuelles (Arlet et al., 1991).

Cette étude a été menée à différentes saisons et dans différentes parties des hôpitaux en Iran. À notre connaissance, cette étude était la première, qui couvrait à la fois différentes saisons et différentes unités hospitalières. Nos résultats ont montré que la production d'ESBL la plus élevée a été trouvée dans la *K.oxytoca* isolée des patients de l'hôpital Emam Reza, à Tabriz, et la fréquence de production d'ESBL la plus faible a été trouvée dans la *K.oxytoca des* hôpitaux d'Ilam. Dans les hôpitaux d'Ilam, la production de BLSE était plus importante dans le cas de K.*pneumoniae* (36,5%), tandis que dans les hôpitaux de Milad et d'Emam Reza, le pourcentage de *K.oxytoca* était plus élevé que celui de K.*pneumoniae*. La prévalence de la production de BLSE par *K.pneumoniae à l'*hôpital Milad était dominante (51,7 %), suivi de l'hôpital Emam Reza (45,6 %). La résistance la plus importante aux céphalosporines de troisième génération a été signalée à l'hôpital Milad (64,1 % pour la ceftazidime) (tableau 4.27). La plus forte résistance aux antibiotiques non bêta-lactamines a également été observée à l'hôpital Milad pour le cotrimoxazol (38,7 %) (tableau 4.28). La résistance aux antibiotiques non bêta-lactamines dans tous les hôpitaux pour *K.pneumoniae* était plus importante que pour *K.oxytoca*. La fréquence du blaSHV était plus élevée que celle des autres gènes responsables de la production des ESBL. Le plus grand nombre de blaSHV a été obtenu à l'hôpital Milad, tandis que le blaSHV s'est avéré plus important dans les hôpitaux Ilam que dans l'hôpital Emam Reza. Ces résultats se sont répétés pour le blaCTX-M alors que dans les hôpitaux Ilam, on a observé plus de blaTEM. En général, la production d'ESBL en hiver était plus élevée qu'au cours des autres saisons. Nos résultats ont également montré que l'hiver était la saison dominante pour la résistance aux antibiotiques non bêta-lactamines.

Cette étude a été réalisée à différentes saisons afin de trouver la relation entre les saisons et la prévalence de l'infection dans différentes unités hospitalières. L'utilisation des antibiotiques en Iran est incontrôlable et jusqu'à présent, l'utilisation des antibiotiques et des formulations injectables est élevée en République islamique d'Iran. Le grand nombre de prescriptions d'antibiotiques (58% en moyenne) peut s'expliquer par le fait que dans la majorité des provinces, les données collectées ne couvraient qu'une période d'un mois d'hiver (Cheraghali et al., 2004). Ces résultats ont montré un niveau élevé de résistance aux antibiotiques, en particulier pour les céphalosporines de troisième génération. Il est intéressant de noter que nous avons constaté que l'imipénem était efficace dans cette étude et qu'il pouvait encore être utilisé pour le traitement. Toutefois, nos conclusions ont révélé l'urgence de contrôler la consommation irrégulière d'antibiotiques en Iran.

Dans les hôpitaux de l'Ilam, les résultats ont montré qu'il y avait plus de résistance à la céftériaxone (53,3%) qu'aux autres antibiotiques au stade du dépistage (tableau 4.3). La résistance aux antibiotiques non bêta-lactamines était plus importante au cotrimoxazol (11,74 %) qu'aux autres (tableau 4.4).

La comparaison des différentes saisons a montré que la résistance la plus élevée aux céphalosporines de troisième génération chez les patients atteints d'IU était celle à la céftériaxone en hiver (77,5 %) (tableau 4.5). Les résultats ont montré que la production d'ESBL par *K.pneumoniae* était plus importante en hiver qu'au cours des autres saisons. Il est intéressant de noter que des résultats similaires se sont répétés pour la ciprofloxacine, le cotrimoxazol et l'amikacine (tableau 4.10). Le gène dominant responsable de la production des ESBL était le blaSHV (N=32) et la fréquence la plus faible a été observée dans le blaTEM (n=8). Comme prévu, la fréquence la plus élevée de ces trois gènes responsables de la production de ESBL a été observée en hiver.

Dans les USI, la résistance à la ceftazidime était dominante (80 %) en automne (tableau 4.6), tandis que les ESBL produisant *K.pneumoniae étaient du* même niveau en automne et en hiver (tableau 4.11). Il est intéressant de noter que le blaSHV était responsable de la production d'ESBL à la fois en automne et en hiver (tableau 4.16).

C'est la céftériaxone qui présente le plus fort pourcentage de résistance aux céphalosporines de troisième génération dans les services de chirurgie (80 %) à l'automne (tableau 4.7). On a également constaté que le *K.pneumoniae* produisant des ESBL était plus important à l'automne (tableau 4.16). Le gène dominant responsable de la production d'ESBL était le BlaSHV, tandis que la fréquence la plus faible du gène des ESBL a été observée pour le Bla CTX-M (tableau 4.12).

Nous avons constaté que la résistance à la ceftazidime en hiver était dominante en raison de la troisième génération de céphalosporines provenant de patients souffrant d'infections de lésions (100 %) (tableau 4.8), tandis que la production de BLSE et la plus forte résistance à l'amikacine et au cotrimoxazol ont été signalées en été (tableau 4.13). Ici aussi, le blaSHV était le seul responsable de la production d'ESBL (tableau 4.17).

La résistance la plus élevée aux céphalosporines de troisième génération chez les patients atteints d'ITG a été observée pour la céftériaxone en automne (87,5%) (Tableau 4.9). Cependant, l'hiver a été la saison dominante pour la production de BLSE (Tableau 4.14). La résistance au cotrimoxazol et à l'amikacine était plus importante au printemps qu'au cours des autres saisons, tandis que la résistance la plus élevée à la ciprofloxacine était obtenue en hiver (tableau 4.14). Le gène dominant responsable de la production de BLSE trouvé dans blaSHV et la fréquence de blaCTX-M était plus que blaTEM (tableau 4.18).

Selon les résultats, la résistance à la ceftazidime était davantage due à des isolats cliniques de *K.oxytoca au* stade du dépistage. Cependant, parmi les différentes saisons, la résistance à la ceftazidime et à la ceftériaxone était plus dominante chez les patients admis dans les salles d'opération (100%) en hiver. La résistance la plus élevée au stade du dépistage chez les patients hospitalisés pour une ITG était due à la ceftazidime (40 %) en hiver. Il est intéressant de noter que tous les *K.oxytoca isolés* pendant les saisons froides (automne et hiver) étaient positifs pour les ESBL, mais que les *K.oxytoca* isolés au printemps chez des patients présentant des infections de lésions étaient sensibles aux céphalosporines de troisième génération, et ne produisaient donc pas d'ESBL (tableau 4.20).

Les résultats pour l'hôpital Milad ont montré que la résistance la plus élevée a été trouvée pour la ceftazidime (65,8%) au stade du dépistage (tableau 4.26). La production d'ESBL par *K.pneumoniae chez les* patients atteints d'une infection urinaire (49,6 %) était plus élevée que dans les autres. La résistance au cotrimoxazol était la plus élevée en raison des antibiotiques autres que les bêta-lactamines (tableau 4.27).

La résistance à la ceftazidime et à la ceftériaxone était la plus élevée chez les patients atteints d'IU au stade du dépistage (tableau 4.28). Chez ces patients, la résistance à *K.pneumoniae* produisant des ESBL (42,65 %) et à l'amikacine était la plus élevée en hiver (41,4 %), tandis que la résistance à la ciprofloxacine (27,8 %) et au cotrimoxazol (50 %) était plus importante en automne que pendant les autres saisons (tableau 4.33). Les résultats ont montré que le blaSHV était le gène dominant responsable de la production des ESBL, suivi par le blaSHV et le blaCTX-M. La fréquence de ces trois gènes était plus élevée en hiver qu'au cours des autres saisons, tandis que la fréquence la plus faible était en été. Nos résultats ont montré que la résistance aux antibiotiques et à *K.pneumoniae* produisant des ESBL pendant les saisons froides était plus élevée que pendant les saisons chaudes.

Dans les USI, la résistance la plus élevée aux céphalosporines de troisième génération a été observée pour le céfotaxime (83,4%) au printemps (tableau 4.29). *K.pneumoniae* produisant des ESBL était plus important en hiver qu'au cours des autres saisons (38,4 %). La résistance à la ciprofloxacine était également la plus élevée en hiver (60 %), tandis que la résistance à l'amikacine et au cotrimoxazol était plus importante au printemps qu'au cours des autres saisons (50 %) (tableau 4.34). Les résultats ont indiqué que le gène dominant était le blaSHV et que le blaSHV le plus élevé était observé en hiver, suivi du blaSHV et du blaCTX- M, dont la fréquence était supérieure à celle du blaTEM.

Nos résultats concernant les patients admis dans les services de chirurgie ont indiqué que la résistance à la ceftazidime en été et en hiver (100 %) était la plus élevée par rapport aux autres antibiotiques au stade du dépistage (tableau 4.30). Les résultats de cette étude ont également précisé qu'il y avait plus de *K.pneumoniae* produisant des ESBL en hiver que pendant les autres saisons (42,65 %). Nous avons constaté que la résistance au cotrimoxazol (50%) et à la ciprofloxacine (27,8%) en automne était plus importante que pendant les autres saisons, tandis que la résistance à l'amikacine la plus élevée se produisait en hiver (41,4%) (tableau 4.35).

BlaSHV était le gène dominant responsable de la production des ESBL mais il présentait la même fréquence en hiver et en été alors que blaTEM en automne et en hiver.

Les *K.pneumoniae* isolés de patients présentant des infections de lésions étaient plus résistants à la ceftazidime en hiver (87,5 %) au stade du dépistage (tableau 4.31). Nous avons également constaté que l'hiver était la saison responsable de la plus forte production d'ESBL (37,5 %). La résistance au cotrimoxazol et à l'amikacine au printemps et à l'automne (50 %) était plus importante que pour les autres saisons (tableau 4.36). Les résultats ont en outre montré que le gène dominant responsable de la production d'ESBL était le blaSHV.

Les résultats ont montré que chez les patients atteints d'ITG, la résistance aux antibiotiques la plus élevée au stade du dépistage a été observée pour la ceftazidime (91,7 %) en automne (tableau 4.32). Cependant, la production de BLSE en hiver (54,1 %) était plus importante que pendant les autres saisons. La résistance à l'amikacine, au cotrimoxazol et à la ciprofloxacine était plus importante en été (50 %) (tableau 4.37). Selon les résultats de cette étude, le gène dominant responsable de la production des ESBL était le BlaSHV et la fréquence la plus élevée de ce gène a été trouvée en hiver. La fréquence des gènes blaTEM et blaCTX-M en hiver était également plus élevée qu'au cours des autres saisons.

La résistance la plus élevée au cotrimoxazol a été trouvée dans les ESBL productrices de *K.oxytoca* isolées de patients atteints d'ITG en hiver (Tableau 4.40). La ciprofloxacine et l'imipénem se sont avérés être des antibiotiques efficaces dans cette étude.

Notre étude a montré que la résistance aux antimicrobiens de *K. pneumoniae* était plus élevée que celle de K. *oxytoca,* mais que la fréquence des ESBL dues à K. *oxytoca* (73,3 %) était supérieure à celle de K. *pneumoniae* (51,6 %). La fréquence du blaSHV était plus élevée par rapport aux autres gènes responsables de la production de BLSE. Les résultats ont montré que *K. oxytoca* n'avait de fréquence que pendant les saisons froides.

Nos découvertes ont montré que le gène dominant responsable de la production des ESBL était le blaSHV et qu'il avait la fréquence la plus élevée en hiver. En général, la résistance à la troisième génération de céphalosporines et d'aztréonam et la production de BLSE pendant les saisons froides étaient plus importantes que pendant les saisons chaudes. Ces résultats sont valables pour la résistance des ESBL productrices de *K. pneumoniae* aux antibiotiques non bêta-lactamines. Ils ont également montré que tous les isolats de toutes les parties étaient sensibles à l'imipénem.

Le typage moléculaire est une condition préalable à l'élucidation de l'épidémiologie et de la structure des populations de pathogènes bactériens. Parmi les méthodes de typage moléculaire, la MLST est de plus en plus populaire, en raison de ses nombreux avantages, qui ont été discutés à plusieurs reprises ailleurs (comme la PFGE, la RFFLP). Elle bénéficie d'un niveau élevé de discrimination, de non ambiguïté, de reproductibilité et d'extensibilité grâce à l'application de séquences de nucléotides, et dispose également d'une portabilité électronique via Internet, de sorte qu'elle peut facilement analyser les données générées avec une applicabilité plus large (Enright et al., 1998).

Les objectifs de cette étude étaient de détecter le type colonal dominant par MLST. Le type de séquence dominant (ST) était ST14. Les résultats de cette étude ont montré différents complexes clonaux (CC). Il est intéressant de noter que la plupart des ST (ST14) ont été observés dans les ITG. Dans l'UTI, il n'y avait pas de CC et les isolats provenaient de différents ST. Nos résultats ont montré un ST différent et une épidémiologie réduite des ESBL à l'hôpital Milad. C'était la première étude du schéma de MLST de *K.pneumoniae* produisant des ESBL en Iran. Les résultats de cette étude ont indiqué que la plupart des gènes étaient BlaSHV-12. La variation allélique la plus élevée s'est produite dans GyrA (11allelele) (tableau 4.38 et 4.39).

La résistance la plus élevée aux céphalosporines de troisième génération à l'hôpital Emam Reza, était à la ceftazidime (60,1%) (tableau 4.47). La résistance aux antibiotiques non bêta-lactamines était la même que celle au cortimoxazol et à l'amikacine (21,2 %) (tableau 4.48).

Chez les patients atteints d'une infection urinaire, la résistance la plus élevée au stade du dépistage a été observée dans le cas de la céftériaxone (88,8 %) en hiver (tableau 4.49). La production d'ESBL par *K.pneumoniae* était de 52,4 %, tandis que la résistance à l'amikacine, 36,4 % et à la ciprofloxacine, 9 % en hiver. La résistance au cotrimoxazol était de 22,2 % en automne, ce qui était plus élevé que pour les autres saisons (tableau 4.54).

Au stade du dépistage des patients admis dans les unités de soins intensifs en automne, nous avons observé une plus grande résistance à la céftériaxone (100%) (tableau 4.50). Les résultats ont montré que la production d'ESBL par *K.pneumoniae* en hiver était plus élevée que pendant les autres saisons. La ciprofloxacine et l'imipénem se sont avérés être les antibiotiques les plus efficaces dans cette étude. Les résistances les plus élevées au cotrimoxazol (100 %) et à l'amikacine (100 %) ont été observées respectivement en été et en automne (tableau 4.55).

Les résultats indiquent que le pourcentage le plus élevé de résistance aux antibiotiques a été observé chez les patients admis dans les salles d'opération pendant l'hiver, qui avaient reçu de la ceftazidime et de la cefteriaxone au stade du dépistage (100%) (tableau 4.51). Il a été constaté qu'à l'exception du cotrimoxazol en été, le reste des antibiotiques non bêta-lactamines étaient des antibiotiques efficaces (tableau 4.56).

Chez les patients présentant des infections de lésions, la ceftazidime (66,7 %) a été la plus résistante aux antibiotiques au stade du dépistage en hiver (tableau 4.52). Les résultats ont montré que tous les antibiotiques autres que les bêta-lactamines étaient de bons choix pour la prescription (tableau 4.57).

Chez les patients atteints d'ITG, les résultats ont montré que la résistance à la ceftazidime au printemps et en hiver (100 %) était plus élevée que celle des autres antibiotiques à différentes saisons au stade du dépistage (tableau 4.53). On a observé que *K.pneumoniae* produisant des ESBL était plus élevé en hiver (38,5 %). La résistance la plus élevée au cotrimoxazol, à l'amikacine et à la ciprofloxacine a été observée en automne (33,3 %) (tableau 4.58).

Dans l'hôpital universitaire de Dokuz Eylul en Turquie, 38 % des isolats d'*Enterobacteriacea* étaient positifs pour les ESBL (Tasli et Bahar, 2005). Un résultat similaire a été trouvé dans les hôpitaux d'Ilam (36,5 % d'ESBL positives) tandis que dans les hôpitaux de Milad et Emam Reza, la fréquence de *K.pneumoniae* produisant des ESBL était plus élevée que dans l'université de Dokuz Eylul. À l'université de Dokuz Eylul, 52,7 % de balTEM, 74,3 % de blaSHV et 32,4 % des gènes blaTEM et blaSHV ont été détectés, tandis que dans les hôpitaux Ilam, 81,6 % de blaSHV et 13,2 % de blaTEM et 2,9 % de blaTEM et de blaSHV ont été trouvés. La fréquence élevée de blaSHV et la faible fréquence de blaTEM ont de nouveau été trouvées dans les hôpitaux Milad et Emam Reza.

Dans une étude réalisée à Enugu Metropolis de janvier à avril 2009, sur les trois cents isolats de *K.pneumoniae,* 62 % se sont révélés positifs pour les ESBL. Tous les isolats produisant des ESBL se sont révélés résistants aux antibiotiques suivants : triméthoprime-sulfaméthoxazole (96,3 %), ciprofloxacine (31,2 %), ceftazidime (69 %), céfotaxime (74 %), ceftriaxone (79,6 %) et imipénem (0 %) (Ifeanyichukwu et al., 2009). Dans notre recherche, les ESBL les plus positives ont été trouvées à l'hôpital Milad (51,6 %) et la résistance à la ceftazidime était de 65

%, 49 % et 57 %, respectivement dans les hôpitaux Milad, Ilam et Emam Reza. La résistance à la céfotaxime et à la céftériaxone était presque similaire à celle d'Enugu Metropolis, mais la résistance la plus élevée à la ciprofloxacine a été observée à l'hôpital Milad (21 %), ce qui est inférieur aux résultats obtenus par

Ifeanyichukwu et al. (2009). La résistance au cotrimoxazol dans nos recherches était de 39 %, 11,7 % et 20 % dans les hôpitaux de Milad, Ilam et Emam Reza, respectivement, tandis que 96,3 % des *K.pneumoniae de la* métropole d'Enugu étaient résistants au cotrimoxazol.

En Arabie saoudite, en 2007, sur les quatre cents *K. penumoniae,* 55 % étaient positifs pour les ESBL, 97,3 % pour le blaSHV et 84,1 % pour les gènes blaTEM. Le taux de résistance à la céfotaxime et à la ceftazidime était de 97 % et 95 %, respectivement. Tous les isolats produisant des ESBL étaient sensibles à l'imipénem (Mohammad et al., 2009). Les résultats obtenus dans les hôpitaux Milad, Ilam et Emam Reza ont également montré une fréquence élevée de blaSHV alors que la fréquence de blaTEM était plus faible que dans l'étude réalisée en Arabie Saoudite. Nos recherches ont montré que l'imipenem est un antibiotique efficace contre la *K.pneumoniae, ce qui est* similaire aux résultats de l'étude de Mohammad et al en 2007 en Arabie Saoudite.

Cent soixante-huit isolats cliniques de *K.pneumoniae* ont été collectés dans le cadre d'une enquête menée entre septembre 2006 et février 2007 dans trois hôpitaux généraux de Téhéran, en Iran. Il a été constaté que 69 % des cent soixante-huit isolats cliniques étaient positifs et que cinquante et un isolats (31 %) étaient négatifs pour les ESBL (Bameri et al., 2010). Nos résultats ont montré une fréquence plus faible de production d'ESBL en comparaison avec l'étude de Bameri dans les hôpitaux de Milad, Ilam et Emam Reza en Iran. Cependant, elle était presque deux fois plus élevée que celle d'Irajian et al. à Semnan, avec une production d'ESBL de 28,9 %

(Irajian et al., 2010).

Dans une étude menée à l'hôpital Milad de Téhéran entre mars et juin 2009 sur les 115 souches de *K. pneumoniae* provenant d'échantillons d'urine, 12 % des isolats de *K. pneumoniae se sont* révélés positifs pour les ESBL (Behroozi et al., 2009), ce qui montre une baisse de la production d'ESBL dans l'UTI par rapport à nos conclusions d'il y a un an à l'hôpital Milad (50,7 %).

Dans une enquête sur la prévalence et les schémas de résistance aux antimicrobiens dans un hôpital de soins tertiaires du nord de l'Inde, sur les cent *Klebsiella spp.* 56% étaient des producteurs d'ESBL. Environ 85 % des producteurs d'ESBL étaient résistants aux céphalosporines. Tous les isolats étaient sensibles à l'imipenem (Jain et Mondal, 2007). Nos recherches ont également produit des résultats similaires.

Dans une étude réalisée au Brésil dans deux hôpitaux universitaires de soins tertiaires, d'août 2003 à août 2004, 24,1 % des ESBL produisant du *K.oxytoca* ont été trouvés par des tests phénotypiques (Nogueira et al., 2006). Nos résultats dans les hôpitaux Ilam étaient presque les mêmes (25 %), mais dans les hôpitaux Milad et Emam Reza, ils étaient respectivement de 73,3 % et 50 %. Dans une autre étude réalisée à Makati City, aux Philippines, nous avons obtenu 38,5 % de BLSE produisant du *K.oxytoca* (Villanueva et al., 2003). En 2008 en Inde, 33,3 % des *K.oxytoca* étaient des ESBL positives (Bhattacharjee et al., 2008). Tous les résultats de notre recherche ont montré des niveaux élevés de production d'ESBL par *K.oxytoca.*

Au Brésil, entre avril 2005 et septembre 2006, il a été confirmé que 25 % des *K.oxytoca* produisaient des ESBL, dont 25 % étaient positifs au blaSHV (Oliveira et al., 2010).

Selon les résultats de cette étude, la plupart des *K. pneumoniae* ont été isolés des infections des voies urinaires et respiratoires. En général, pendant les mois froids, la résistance aux céphalosprines de troisième génération était plus élevée que pendant les mois chauds. En outre, la résistance à la cefpodoxime était presque égale à celle de l'aztéronam, tandis que la résistance aux autres céphalosprines, utilisées dans cette étude, variait considérablement.

Dans une enquête menée de janvier à décembre 2004 en examinant les rapports de laboratoire de patients du centre médical de l'université de Malaya, les bactériémies à spectre étendu produisant des bêta-lactamases *E. coli* et *Klebsiella* spp. se sont révélées faibles (2,3 % et 1,8 % du total des isolats, respectivement) (Karunakaran et al., 2007).

Ces résultats ont montré différents pourcentages de *K.pneumoniae* produisant des ESBL dans différentes parties du monde. La fréquence des ESBL en Malaisie variait de 1,8 % à 21 %, tandis que dans différentes parties de l'Iran, elle variait de 12 % à 69 %.

D'autres études sont nécessaires pour étudier la production des ESBL et le schéma antimicrobien, en utilisant davantage d'isolats provenant d'autres régions d'Iran. Selon les résultats de cette étude, la plupart des *K. pneumoniae* ont été isolés à partir d'infections des voies urinaires et respiratoires. En général, pendant les mois froids, la résistance aux céphalosprines de troisième génération était plus élevée que pendant les mois chauds. En outre, la résistance à la cefpodoxime était presque égale à celle de l'aztéronam, tandis que la résistance aux autres céphalosprines, utilisées dans cette étude, variait considérablement.
. Les études d'épidémiologie moléculaire de ces gènes de résistance pourraient également être utilisées pour la comparaison avec des gènes déjà isolés dans d'autres parties de l'Iran et du monde. Cette étude montre que les *Klebsiella se sont* retrouvés dans les échantillons cliniques de notre étude ; produisent un nombre plus élevé de ESBL. Notre étude a également montré une

résistance aux flouroquinolones, aux aminoglycosides et au cotrimoxazole.

Les carbapénèmes sont les médicaments de choix contre les infections causées par *Klebsiella spp. D'*autres études moléculaires devraient être menées pour connaître la base de la production des ESBL. Une politique stricte en matière d'antibiotiques devrait être adoptée dans les hôpitaux afin d'estimer l'impact d'une résistance plus élevée chez les bactéries et de prendre des mesures pour réduire ces résistances.

Conclusion

En conclusion, le pourcentage de *K.oxytoca* produisant des ESBL était plus élevé que celui de *K.pneumoniae* produisant des ESBL. En général, *K.penomoniae* produit plus d'ESBL en hiver et en automne qu'au cours des autres saisons. Le gène dominant responsable de la production d'ESBL était le blaSHV. Les ESBL produites dans l'hôpital Milad étaient beaucoup plus nombreuses que dans les autres hôpitaux couverts par cette étude. Dans tous les hôpitaux, l'imipénem a été utilisé comme un antibiotique efficace contre les ESBL productrices de *Klebsiella spp.* La résistance à la ciprofloxacine, couramment observée pendant les saisons froides, était faible, mais la résistance au cotrimoxazol et à l'amikacine s'est avérée presque identique, mais plus élevée que celle à la ciprofloxacine. Aucun *K.oxytoca n'*a été observé dans les infections urinaires et les unités de soins intensifs. Les *K.oxytoca* suspectés de produire des ESBL ont été trouvés en plus grand nombre dans les hôpitaux Milad, Emam Reza et Ilam. En outre, la plupart des isolats ont été obtenus à partir d'infections des voies respiratoires pendant l'hiver. Dans le cas de la *K.oxytoca,* seul le blaSHV était responsable de la production d'ESBL.

La MLST due à *K.pneumoniae* produisant des ESBL a libéré des ST et des CC différents, ce qui a montré que la source de production des ESBL chez *K.pneumoniae n'*était pas la même. En général, la résistance à tout antibiotique utilisé dans cette étude pendant l'hiver et l'automne était

plus élevée que pendant les autres saisons.

RÉFÉRENCES

AitMhand. R, A. Soukri, N. Moustaoui, H. Amarouch, N. ElMdaghri, D. Sirot, et M. Benbachir. 2002. Plasmid-mediated TEM-3 extended-spectrum beta-lactamase production in *Salmonella typhimuium in* Casablanca. J. Antimicrobe. Chemother ; 49:169-172.

Akindele, J. A., et I. O. Rotilu. 1997. Outbreak of neonatal *Klebsiella* septicaemia : a review of antimicrobial sensitivities. Afr. J. Med. Med. Sci ; 26:51-53.

Albertini, M. T., C. Benoit, L. Berardi, Y. Berrouane, A. Boisivon, P. Cahen, C. Cattoen, Y. Costa, P. Darchis, E. Deliere, D. Demontrond, F. Eb, F. Golliot, G. Grise, A. Harel, J. L. Koeck, M. P. Lepennec, C. Malbrunot, M. Marcollin, S. Maugat, M. Nouvellon, B. Pangon, S. Ricouart, M. Roussel- Delvallez, A. Vachee, A. Carbonne, L. Marty et V. Jarlier. 2002. Surveillance de *Staphylococcus aureus* résistant à la méthicilline (SARM) et des *entérobactéries* produisant de la bêta-lactamase à spectre étendu (ESBLE) dans le nord de la France : une étude d'incidence multicentrique sur cinq ans. J. Hosp. Infect ; 52:107-113.

Arlet. G, A. Philippon.1991. Construction par réaction en chaîne de la polymérase et sondes d'ADN intragéniques pour trois principaux types de Ş-lactamases transférables (TEM, SHV, CARB) FEMS Microbiol Lett. 82:19-26.

Alhussain, J., N. Akhtar. 2005. Susceptibility Patterns of Extended Spectrum B- Lactamase (ESBL) - producing *Escherichia coli* and *Klebsiella pneumoniae* isolated in a teaching hospital. Pakistan J. Med ; Res.Vol. 44, No.2.

Ambler, R.P., A.F Coulson. J.M Frere. J.M Ghuysen. B. Joris. M. Forsman. R.C Levesque. 1991. Tiraby G. Waley SG. Un schéma de numérotation standard pour les bêta-lactamases de classe A [lettre]. Biochemical Journal ; 276 (Pt 1):269-70.

Amita J, R. Mondal. 2007. Prévalence et profil de résistance aux antimicrobiens de *Klebsiella* spp produisant des b-lactamases à spectre étendu, isolées de cas de septicémie néonatale. Indian J Med Res ; 125, pp 89-94.

Amita, J et R, Mondal. 2008, Detection of extended spectrum b-lactamase production in clinical isolates of *Klebsiella* spp. Indian J Med Res ; 127, pp 344-346.

Amita, J et R, Mondal. 2008. Gènes TEM & SHV à spectre étendu Ş-lactamase produisant des espèces de Klebsiella et leur profil de résistance aux antimicrobiens. Indian J Med Res ; 128, pp 759-764.

AnaK, V. Kotevska, G. Jankoska, B. Kjurcik-Trajkovska, Z. Cekovska, M. Petrovska. *E. coli* et *Klebsiella Pneumoniae* produisant de la bêta-lactamase à spectre étendu chez les enfants à la clinique pédiatrique universitaire de Skopje. Journal macédonien des sciences médicales ; 2(1) : XX-XX. doi:10.3889/MJMS.1857-5773. 0030 *Sciences de base.*

Escherichia coli et *Klebsiella pneumoniae,* Al-zahrani AJ, N. Akhtar. 2005. Susceptibility Patterns of Extended Spectrum Betaproducteurs de lactamase (ESBL), isolés dans un hôpital universitaire Pakistan J.

Aranzazu V, M. Teresa . Coque, L. G. S. Miguel, F. Baquero et R. Canton . 2008. Épidémiologie moléculaire complexe des bêta-lactamases à spectre étendu dans Klebsiella pneumoniae : une perspective à long terme à partir d'une seule institution à Madrid. Journal of Antimicrobial Chemotherapy ; 61, 64-72.

Ariffin, H., P. Navaratnam, M. Mohamed, A. Arasu, W. A. Abdullah, C. L. Lee et L. H. Peng. 2000.infection sanguine à *Klebsiella pneumoniae* résistante à la ceftazidime chez les enfants atteints de neutropénie fébrile. Int. J. Infect. Dis ; 4:21-25.

Asensio, A., A. Oliver, P. Gonzalez-Diego, F. Baquero, J. C. Perez-Diaz, P. Ros, J. Cobo, M. Palacios, D. Lasheras, et R. Canton. 2000. Éclosion d'une souche multirésistante de *Klebsiella pneumoniae* dans une unité de soins intensifs : utilisation d'antibiotiques comme facteur de risque de colonisation et d'infection. Clin. Infection. Dis ; 30:55-60

Babini,G. S., et D. M. Livermore. 2000. Résistance aux antimicrobiens parmi les *Klebsiella* spp. collectées dans les unités de soins intensifs en Europe du Sud et de l'Ouest en 1997-1998. J. Antimicrob. Chemother ; 45:183-189. 424.

Babini,G. S., et D. M. Livermore. 2000. Les bêta-lactamases du VHS sont-elles universelles dans *Klebsiella pneumoniae* ? Antimicrobe. Agents chimiothérapiques. 44:2230.

Barguellil,F., C. Burucoa, A. Amor, J. L. Fauchere, et C. Fendri. 1995. In vivo acquisition of extended-spectrum beta-lactamase in *Salmonella enteritidis* during antimicrobial therapy. Eur. J. Clin. Microbiol. Infecter. Dis. 14:703-706.

Bauer, A.W., Kirby, W.M.M., Sherris, J.C., Turck, M. 1966. Test de sensibilité aux antibiotiques par une méthode normalisée à disque unique. Amer. J. Clin. Pathol. 45, 493-496.

Behrooozi A, M. Rahbar, and J. Vand Yousefi. 2009. Frequency of extended spectrum beta-lactamase (ESBL) produisant l'*Escherichia coli* et la *pneumonie de Klebseilla* isolée à partir d'urine dans un hôpital iranien de soins tertiaires de 1000 lits. African Journal of Microbiology Research ; Vol. 4 (9), pp. 881-884.

Bell, J. M., J. D. Turnidge, A. C. Gales, M. A. Pfaller et R. N. Jones. 2002. Prevalence of extended spectrum beta-lactamase (ESBL)-producing clinical isolates in the Asia-Pacific region and South Africa : regional results from SENTRY Antimicrobial Surveillance Program (1998-99). Diagnostic. Microbiol. Infection. Dis ; 42:193-198.

Bellissimo-Rodrigues F, A. Carolina Frade Gomes, A. D. Costa Passos, J. A. Achcar, G. S. Castro Perdona, R. Martinez. 2006. Clinical outcome and risk factors related to extended-spectrum beta-lactamase-producing *Klebsiella* spp. infection among hospitalized patients. Mem Inst Oswaldo Cruz, Rio de Janeiro ; Vol. *101*(4) : 415-421.

Bhattacharjee. B, M. R. Sen, P. Prakash, A. Gaur, S. Anupurba. 2008. Increased Prevalence Of Extended Spectrum Beta-Lactamase Producers In Neonatal Septicaemic Cases At A Tertiary Referral Hospital. Indian Journal of Medical Microbiology, *26(4) : 356-60.*

Blazquez J, M-I. Morosini, M.C Negri, F. Baquero. 2000. Sélection de variantes de B-lactamases TEM à spectre étendu d'origine naturelle par la fluctuation de la pression des B-lactamines. Antimicrob Agents Chemother ; 44:2182-2184.

Bradford PA, C. E Cherubin, V. Idemyor, B.A Rasmussen, K. Bush .1994. Multiply resistant *Klebsiella pneumoniae* from two Chicago hospitals : identification des bêta-lactamases TEM-12 et TEM-10 à spectre étendu et hydrolysant la ceftazidime dans un seul isolat. Antimicrob Agents Chemother 1994 ; 38:761-766.

Bradford PA, Y. Yang, D. Sahm, I. Grope, D. Gardovska, G. Storch .1998. CTX-M-5, une nouvelle bêta-lactamase céfotaxime-hydrolysante issue d'une épidémie de *Salmonella typhyimurium* en Lettonie. Antimicrob Agents Chemother ; 42:1980-1984.

Bradford PA. 2001. Les bêta-lactamases à spectre étendu au 21e siècle : caractérisation, épidémiologie et détection de cette importante menace de résistance. Clin Microbiol Rev ; 14:933-951.

Brun-Buisson, C., P. Legrand, A. Philippon, F. Montravers, M. Ansquer, et J. Duval. 1987. Transferable enzymatic resistance to third generation cephalosporins during nosocomial outbreak of multiresistant *Klebsiella pneumoniae.* Lancet ;ii:302-306.

Brun-Buisson, C., P. Legrand, A. Philippon, F. Montravers, M. Ansquer, et J. Duval. 1987. Transferable enzymatic resistance to third generation cephalosporins during nosocomial outbreak of multiresistant *Klebsiella pneumoniae.* Lancet ii:302-306.

Burn-Buisson C, Legrand P, Philippon A, Montravers F, Asquer M, Duval J.1987. Résistance enzymatique transférable aux céphalosporines de troisième génération lors de l'apparition nosocomiale de *Kelbsiellapneumoniae* multirésistant. Lancet ; 11:302-306.

Bonnet R. 2004. Groupe croissant de bétalactamases à spectre étendu : les enzymes CTX-M. Antimicrob Agents Chemother ; 48:1-14.

Bush K. 2002. L'impact des bêta-lactamases sur le développement de nouveaux agents antimicrobiens. Curr Opinion Investig Drugs, 3:1284-1290.

Bush K. 2001. Nouvelles bêta-lactamases dans les bactéries gram - négatives : diversité et impact sur la sélection de la thérapie antimicrobienne. Clin Infect Dis ; 32:1085 -1089.
Bush K. GA Jacoby. AA Medeiros. 1995. A functional classification scheme for betalactamases et sa corrélation avec la structure moléculaire. Agents antimicrobiens et chimiothérapie ; 39(6):1211-33

Bush K, C. Macalintal, B.A. Rasmussen, V.J. Lee, Y. Yang . 1993. Kinetic interactions of tazobactam with beta-lactamases from all major structural classes. Antimicrob Agents Chemother ; 37:851-858.
Cao V, T. Lambert, DQ. Nhu, *et al.* 2002. Distribution of extended-spectrum betalactamases in clinical isolates of *Enterobacteriaceae in* Vietnam. Antimicrob Agents Chemother ; 46:3739-3743

Casellas, J. M., et M. Goldberg. 1989. Incidence des souches produisant des bêta-lactamases à spectre étendu en Argentine. Infection ; 17:434-436.

Casewell, M. W., et I. Phillips. 1981. Aspects de la résistance aux antibiotiques à médiation plasmidique et épidémiologie des espèces de *Klebsiella.* Am. J. Med;70:459-462.

Cheraghali A.M, S. Nikfar, Y. Behmanesh, V. Rahimi, F. Habibipour, R. Tirdad, A. Asadi et A. Bahrami. 2004. Evaluation of availability, accessibility and prescribing pattern of medicines in the Islamic Republic of Iran Eastern Mediterranean Health Journal

Cheng. Y, Y. Li, and M. Chen. 1994. A plasmid-mediated SHV type extended-spectrum beta-lactamase dans l'isolat d'*Enterobacter gergoviae* Cheng. Y, Y. Li, and M. Chen. 1994. A plasmid-mediated SHV type extended-spectrum betade Pékin. Wei Sheng Wu Xue Bao; 34:106112.

Cherian, B. P., N. Singh, W. Charles et P. Prabhakar. 1999. *Salmonella enteritidis à* spectre étendu produisant de la bêta-lactamase à Trinidad et Tobago. Infection émergente. Dis ; 5:181-182.

Cotton, M. F., E. Wasserman, C. H. Pieper, D. C. Theron, D. van Tubbergh, G. Campbell, F. C. Fang et J. Barnes. 2000. Maladie invasive due à la bêta-lactamase à spectre étendu produisant *Klebsiella pneumoniae* dans une unité néonatale : le rôle possible des blattes. J. Hosp. Infect ; 44:13-17.

Cosgrove, S. E., K. S. Kaye, G. M. Eliopoulous et Y. Carmeli. 2002. Health and economic outcomes of the emergence of third generation cephalosporin resistance in *Enterobacter* species. Arch. Intern. Med ; 162:185-190.

DAgata, E., L. Venkataraman, P. DeGirolami, L. Weigel, M. Samore et F. Tenover. 1998. The molecular and clinical epidemiology of enterobacteriaceae- producing extended- spectrum beta-lactamase in a tertiary care hospital. J. Infect ; 36:279-285.

De Champs, C., D. Sirot, C. Chanal, M. C. Poupart, M. P. Dumas, et J. Sirot. 1991. Dissémination concomitante de trois bétalactamases à spectre étendu parmi différentes *Enterobacteriaceae* isolées dans un hôpital français. J. Antimicrob. Chemother ; 27:441-457.

De Champs, C., D. Rouby, D. Guelon, J. Sirot, D. Sirot, D. Beytout, et J. M. Gourgand. 1991. Étude cas-témoin d'une flambée d'infections causées par des souches de *Klebsiella pneumoniae* produisant la CTX-1 (TEM-3) bétalactamase. J. Hosp. Infect ; 18:5-13.

De Champs C, D. Sirot, C. Chanal, R. Bonnet, et J. Sirot. 2000. Une étude de 1998 sur les bêta-lactamases à spectre étendu chez les *entérobactéries en* France. Le groupe d'étude français. Antimicrobe. Agents Chemother ; 44 : 3177-3179.

Diekema, D. J., M. A. Pfaller, R. N. Jones, G. V. Doern, P. L. Winokur, A. C. Gales, H. S. Sader, K. Kugler, and M. Beach. 1999. Survey of bloodstream infections due to grambacilles négatifs : fréquence d'apparition et sensibilité aux antimicrobiens des isolats collectés aux États-Unis, au Canada et en Amérique latine pour le programme de surveillance antimicrobienne SENTRY, 1997. Clin. Infect. Dis ; 29:595-607.

Du Bois, S. K., M. S. Marriott, et S. G. Amyes. 1995. Bêta-lactamases à spectre étendu dérivées de TEM et de SHV : relation entre sélection, structure et fonction. J. Antimicrob. Chemother ; 35:7-22.

Du, B., Y. Long, H. Liu, D. Chen, D. Liu, Y. Xu, et X. Xie. 2002. Infection du sang par *Escherichia coli* et *Klebsiella pneumonia* produisant de la bêta-lactamase à spectre étendu : facteurs de risque et résultats cliniques. Soins intensifs Med. 28:1718-1723.

Eisen, D., E. G. Russell, M. Tymms, E. J. Roper, M. L. Grayson et J. Turnidge. 1995. Analyses aléatoires d'ADN polymorphe amplifié et de plasmides utilisées dans l'étude d'une épidémie de *Klebsiella pneumoniae* multirésistante. J. Clin. Microbiol ; 33:713-717.

Enright M.C, B.G.Spratt. 1998. A multilocus sequence typing scheme for Streptococcus pneumoniae : identification des clones associés à une maladie invasive grave. *Microbiologie.* 144:3 049-3 060. [PubMed]

Esperanza C. Carberta , D. Roslyn . M. Rodrigurz . 2009. Premier rapport sur la présence d'Enterobacterriacea produisant de la bêta-lactamase à spectre étendu SHV-12 aux Philippines. J Microbiology Immuno Infect ; 42:74-85.

Faller P, M. A., R. N. Jones et G. V. Doern. 1999. Multicenter evaluation of the antimicrobial activity for six broad-spectrum beta-lactams in Venezuela : comparison of data from 1997 and 1998 using the Etest method. Groupe d'étude vénézuélien sur la résistance aux antimicrobiens. Diagnostic. Microbiol. Infection. Dis, 35:153-158.

Fluit, A. C., M. E. Jones, F. J. Schmitz, J. Acar, R. Gupta et J. Verhoef. 2000. Antimicrobial susceptibility and frequency of occurrence of clinical blood isolates in Europe from the SENTRY antimicrobial surveillance program, 1997 and 1998. Clin. Infect. Dis ; 30:454-460.
Forbes BA. D.F Sahm, A.S Weissfeld. 2007. Bailey and Scott's Diagnostic microbiology, 12e édition, Mosby Elsevier ; 842-55.

Gould, I.M. 2000. Pour débattre : vers une méthode commune d'antibiogramme ? J. Antimicrob. Chimie. 45, 757-76. Téléchargement à l'adresse http://jac.oupjournals.org/

Gniadkowski M. 2001. Évolution et épidémiologie des B-lactamases à spectre étendu (ESBL) et des microorganismes produisant des ESBL. Clin Microbiol Infect ; 7:597-608.

Gunseren, F., L. Mamikoglu, S. Ozturk, M. Yucesoy, K. Biberoglu, N. Yulug, M. Doganay, B. Sumerkan, S. Kocagoz, S. Unal, S. Cetin, S. Calangu, I. Koksal, H. Leblebicioglu et M. Gunaydin. 1999. Une étude de surveillance de la résistance antimicrobienne des bactéries gram-négatives isolées dans les unités de soins intensifs de huit hôpitaux en Turquie. J. Antimicrob. Chemother ; 43:373-378.

Harrif-Heraud Z, C. Arpin , S. Benliman , C. Quentin. Épidémiologie moléculaire d'une épidémie nosocomiale due à la souche de *Citrobacter diversus* produisant le SHV-4. J Clin Microbiol ; 35:2561-2567.

Hanberger, H., J. A. Garcia-Rodriguez, M. Gobernado, H. Goossens, L. E. Nilsson et M. J. Struelens. 1999. Antibiotic susceptibility among aerobic gram-negative bacilli in intensive care units in five European countries. Groupes d'étude français et portugais sur les soins intensifs JAMA ; 281:67-71.

Hanson, N. D., E. Smith Moland et J. D. Pitout. 2001. Caractérisation enzymatique de TEM-63, une bêta-lactamase à spectre étendu de type TEM exprimée dans trois genres différents d'*Enterobacteriaceae d'*Afrique du Sud. Diagn. Microbiol. Infecter. Dis ; 40:199-201.

Harvey D. 2000. Modern Analytical Chemistry, Mc Graw Hill, p.315.

Huang ZM, PH. Mao, Y. Chen, Wu L,Wu J. 2004.Etude sur l'épidémiologie moléculaire de la bêta-lactamase de type SHV codant pour les gènes d'*Acinetobacter baumannii* multirésistant aux médicaments. Zhonghua Liu Xing Bing Xue Za Zhi 2004 ; 25:425-427.

Irajian G, A. Jazayeri Moghadas. 2010. Fréquence de la bêta-lactamase à spectre étendu positive et profil de résistance aux médicaments dans des isolats urinaires Gram-négatifs, Semnan, Iran. Jundishapur Journal of Microbiology ; 3(3) : 107-113.

Iroha Ifeanyichukwu R, O. Anthonia Egwu, A. T. Ngozi, N. A. Chidiebube, E. P. Chika. 2009. Extended Spectrum Beta - Lactamase (ESBL) Mediated Resistance to Antibiotics Among *Klebsiella Pneumoniae* in Enugu Metropolis. Journal macédonien des sciences médicales ; 2(3).

Ishii Y, Ohno A, H. Taguchi, S. Imajo, M. Ishiguro, H. Matsuzawa. Clonage et séquence du gène codant pour la céfotaxime hydrolysant la céfotaxime hydrolysant la classe A B-lactamase isolée d'*Escherischia coli.* Antimicrob Agents Chemother, 39:2269-2275.

Jacoby GA, A.A Medeiros. 1991. B-lactamases à spectre plus étendu. Antimicrob Agents Chemother ; 35:1697- 1704.

Jacoby GA.1997. Bêta-lactamases à spectre étendu et autres enzymes conférant une résistance aux oxyimino-bêta-lactames. Infect Dis Clin N Am ; 11:875-887.

Jacoby, G. A., A. A. Medeiros, T. F. O'Brien, M. E. Pinto, and H. Jiang. 1988. Broadspectre, les bêta-lactamases transmissibles. N. Engl. J. Med. 319 : 723-724.

Jemima S.A, S. Verghese. 2008. Multiplex PCR pour *blaCTX-M* & blaSHV dans la bêta-lactamase à spectre étendu (ESBL) produisant des isolats Gram-négatifs. Indian J Med Res ; 128,, pp 313-317.

Karas J. A, D. G. Pillay, D. Muckart, et A. W. Sturm. 1996. Echec du traitement dû à la bêta-lactamase à spectre étendu. J. Antimicrob. Chemother, 37:203-204.

Karunakaran, R, N. S. Raja, K. P. Ng, P. Navaratnam. 2007. Etiologie des isolats d'hémoculture chez les patients d'un hôpital universitaire multidisciplinaire de Kuala Lumpur. J Microbiol Immunol Infect, 40 : 432-437.

Kariuki S, J. E. Corkill, G. Revathi, R. Musoke, et C. A. Hart. 2001. Caractérisation moléculaire d'une nouvelle céfotaximase codée par un plasmide (CTX-M-12) trouvée dans le *Klebsiella pneumoniae clinique2143* isolates from Kenya. Antimicrob. Agents Chemother, 45:2141.

Knothe, H, P. Shah, V. Krcmery, M. Antal et S. Mitsuhashi. 1983. Transferable resistance to cefotaxime, cefoxitin, cefamandole and cefuroxime in clinical isolates of *Klebsiella pneumoniae* and *Serratia marcescens.*Infection 11:315-317.

Kwan S. K, M. Y. Lee, J. H. Song, H. Lee, D. S. Jung, S. I. Jung, S.W. Kim, H.H. Chang, J. S. Yeom, Y. S. Kim, H. K. Ki, D.R. Chungc, K. T. Kwonk, K. R. Peck, N. Y. Lee. 2008. Prévalence et caractérisation des entérobactéries productrices de bêta-lactamase à spectre étendu isolées dans les hôpitaux coréens. Microbiologie diagnostique et maladies infectieuses, 61:453-459

Lee S. H, J. Y. Kim, S. H. Shin, Y. J. An, Y. W. Choi, Y. C. Jung, H. I. Jung, E. S. Sohn, S. H. Jeong, et K. J. Lee. 2003. Dissémination du SHV-12 et caractérisation des nouveaux gènes de bêta-lactamase de type AmpC parmi les isolats cliniques d'*Enterobacter* Species en Corée. J. Clin. Microbiol ; 41:2477-2482.

Levison ME.2002. Bétalactamases à spectre étendu à médiation plasmidique dans des organismes autres que *Klebsiella pneumoniae et Escherichia coli :* un réservoir caché de gènes de résistance transférables. Curr Infect Dis Rep ; 4:181-183.

Lewis, M. T., K. Yamaguchi, D. J. Biedenbach et R. N. Jones. 1999. Invitro evaluation of cefepime and other broad-spectrum beta-lactams in 22 medical centers in Japan : a phase II trial comparing two annual organism samples. Groupe d'étude japonais sur la résistance aux antimicrobiens. Diagnostic. Microbiol. Infection. Dis ; 35:307-315.

Livermore DM.1995. Résistance bactérienne aux carbapénèmes. (Revue) Advances in Experimental Medicine & Biology ; 390:25-47.

Livermore DM. 1995. Bêta-lactamases dans la résistance en laboratoire et en clinique. Clin Microbiol Rev ; 8:557-584.

Loh L C, Chin H K, Chong Y Y, Jeyaratnam A, Raman S, Vijayasingham P, Thayaparan T, Kumar S. 2007. Isolats respiratoires de *Klebsiella pneumoniae de* 2000 à 2004 dans un hôpital malaisien : caractéristiques et relation avec la consommation d'antibiotiques de l'hôpital. Singapore Med ; 48 (9) : 813.

Lucet J. C, D. Decre, A. Fichelle, M. L. Joly-Guillou, M. Pernet, C. Deblangy, M. J. Kosmann et B. Regnier. 1999. Lutte contre un foyer prolongé d'entérobactéries productrices de bêta-lactamases à spectre étendu dans un hôpital universitaire. Clin. Infect. Dis ; 29:1411-1418.

Macfaddin JF. Tests biochimiques pour l'identification des bactéries médicales. [3ème] édition Philadelphia.lippincott Williams et Wilkinson.

Mansouri M, R. Ramazanzadeh. 2009. Nombre de bêta-lactamases à spectre étendu produisant des isolats cliniques d'E.coli à l'hôpital de Sanandaj. Journal of biological sciences 9(4) ; 362-36.

Marra R, W S, Castelo A, et al. 2006. Infections nosocomiales du sang causées par Klebsiella pneumoniae : impact de la production de bêta-lactamase à spectre étendu (ESBL) sur le résultat clinique dans un hôpital à forte prévalence d'ESBL. BMC Infect Dis, 6:24. [PubMed : 16478537]

Marchandin H, C. Carriere, D. Sirot, H. Jean-Pierre, H. Darbas. 1999. TEM-24 produit par quatre espèces différentes d'*Enterobacteriaceae,* dont *Providencia rettgeri,* chez un seul patient. Antimicrob Agents Chemother ; 43:2069-2073.

Marty L, et V. Jarlier. 1998. Surveillance des bactéries multirésistantes : justification, rôle du laboratoire, indicateurs, et données françaises récentes. Pathol. Biol ; (Paris) 46:217-226.

Menon T, D. Bindu, C.P.G. Kumar, S. Nalini, M.A. Thirunarayan. 2006. Comparaison des méthodes à double disque et tridimensionnelles pour le dépistage des producteurs d'esbl dans un hôpital de soins tertiaires. Avril 2006, Indian Journal of Medical Microbiology ; 24 (2) : 117-120.

Medeiros AA.1997. Évolution et diffusion des bêta-lactamases accélérées par des générations d'antibiotiques bêta-lactamines. Clin Infect Dis ; 24:19-45.

Mendes C, A. Hsiung, C. Kiffer, C. Oplustil, S. Sinto, I. Mimica et C. Zoccoli. 2000. Évaluation de l'activité in vitro de 9 antimicrobiens contre des souches bactériennes isolées chez des patients dans des unités de soins intensifs au Brésil : Programme MYSTIC de surveillance des antimicrobiens. Brésil. J. Infect. Dis ; 4:236-244.

Meyer K. S, C. Urban, J. A. Eagan, B. J. Berger et J. J. Rahal. 1993. Foyer nosocomial d'infection à *Klebsiella* résistant aux céphalosporines de dernière génération. Ann. Intern. Med. 119:353-358.

Minami S. A. Yotsuji. M. Inoue. S. Mitsuhashi .1980. Induction de la bêta-lactamase par divers antibiotiques bétalactamines dans Enterobacter cloacae. Antimicrobial Agents & Chemotherapy ; 18(3):382-5.

Mohammad H.M, A. Agamy, A. M. Shibl, A. F. Tawfik. 2009. Prévalence et caractérisation moléculaire de Klebsiella pneumoniae, producteur de bêta-lactamase à spectre étendu, à Riyad, en Arabie saoudite. Ann Saudi Med ; 29(4) : 253-

Moland E. S, J. A. Black, J. Ourada, M. D. Reisbig, N. D. Hanson et K. S. Thomson. 2002. Occurrence de bêta-lactamases plus récentes dans des isolats de *Klebsiella pneumoniae* provenant de 24 hôpitaux américains. Antimicrobe. Agents Chemother ; 46:3837-3842.

Mollet C, Drancourt M, Raoult D. 1997. *rpoB* sequence analysis as a novel basis for bacterial identification. Mol Microbiol ; 26 : 1005-11.

Morosini MI, R. Canton , J. Martinez-Beltran, M.C. Negri, J.C. Perez-Diaz, F. Baquero, J. Blazquez. 1997. Nouvelle bêta-lactamase de type TEM à spectre étendu provenant de *Salmonella enteric* subsp. *enteria* isolée dans un foyer nosocomial a k . Antimicrob Agents Chemothe ; 39:458-461.

Mulgrave, L. 1990. Bêta-lactamases à large spectre étendues en Australie. Med. J. Aust ; 152:444-445.

Mulgrave, L., et P. V. Attwood. 1993. Characterization of an SHV-5 related extended broad-spectrum beta-lactamase in *Enterobacteriaceae* from Western Australia. Pathologie ; 25:71-75.

Comité national pour les normes de laboratoire clinique. 1998. Performance Standards for Antimicrobial Susceptibility Testing ; Eighth Informational Supplement. Document M100-s8 du NCCLS. NCCLS, Wayne, PA.

Comité national pour les normes de laboratoire clinique. 1999. Normes de performance pour les tests de sensibilité aux antimicrobiens ; neuvième supplément d'information. Wayne, Pennsyslvanie : NCCLS : document M100-S9, Vol. 19. No. 1.

Comité national pour les normes de laboratoire clinique. 2000. Méthodes de dilution des tests de sensibilité aux antimicrobiens pour les bactéries qui se développent en aérobiose. Norme approuvée M7-A5 et supplément d'information M100-S10. Wayne, Pa : Comité national pour les normes de laboratoire clinique.

Surveillance nationale des infections nosocomiales. 2002. Rapport du système national de surveillance des infections nosocomiales (NNIS), résumé des données de janvier 1992 à juin 2002, publié en août 2002. Am. J. Infect. Control 30:458-475.

Neuwirth C, S. Madec, E. Siebor, A. Pechinot, J. M. Duez, M. Pruneaux, M. Fouchereau- Peron, A. Kazmierczak et R. Labia. 2001. TEM-89 bétalactamase produite par un isolat clinique de *Proteus mirabilis* : nouveau mutant complexe (CMT 3) avec des mutations dans TEM-59 (IRT-17) et TEM-3. Antimicrobe. Agents Chimie ; 45:3591-3594.

Nicolau DP .2008. Carbapénèmes : une classe puissante d'antibiotiques. Avis d'experts. Pharmacothérapeute. 9(1) : 23-37.

Nogueira. K, I. H. Higuti, A. J. Nascimento, L. B. Terasawa, S. Oliveira, A. P. Matos ,H. A. Peres, H. M. Souza, L.L. Cogo et L. M.D. Costa.2006. Occurrence des bêta-lactamases à spectre étendu dans des entérobactéries isolées de patients hospitalisés à Curitiba, dans le sud du Brésil. The Brazilian Journal of Infectious Diseases 2006;10(6):390- 395.

Nordmann P, Guibert M.1998. Bêta-lactamases à spectre étendu chez *Pseudomonas aeruginosa.* J Antimicrob Chemother , 42:128-131.

Oliveira. C.F, A. Salla, V. M. Lara, A. Rieger, J. A. Horta, S. H. Alves. 2010. prévalence des microorganismes producteurs de bêta-lactamases à spectre étendu chez les patients nosocomiaux et caractérisation moléculaire des isolats de type shv. Brazilian Journal of Microbiology, 41 : 278-282.

Okesola, A. O et Ige, M ,O. Tendances des agents pathogènes bactériens des infections des voies respiratoires inférieures, 2007. The Indian Journal of Chest Diseases & Allied Sciences. Vol. 50.

Otman, J., E. D. Cavassin, M. E. Perugini, et M. C. Vidotto. 2002. An outbreak of extended-spectrum beta-lactamase-producing *Klebsiella* species in a neonatal intensive care unit in Brazil. Infection. Control Hosp. Epidemiol, 23:8-9.

Pagani L, M. Perilli, R. Migliavacca, F. Luzzaro. Amicosante. 2000. Extended-Spectrum TEM- and SHV-Type beta-Lactamase-Producing *Klebsiella pneumoniae* StrainsCausing Outbreaks in Intensive Care Units in Italy. Eur J Clin Microbiol Infect Dis ; 765-772

Pangon B, C. Bizet, A. Bure, *et al.* 1989. Sélection in vivo d'un mutant de *Klebsiella pneumoniae* résistant à la céphamycine, déficient en porine et produisant une TEM-3-bêta-lactamase. J Infect Dis ; 159:1005-1006.

Palucha A, B. Mikiewicz, W. Hrynewicz, M. Gniadkowski. 1999. Apparition simultanée de foyers de B-lactamases à spectre étendu produisant des organismes de la famille des *entérobactéries* dans un hôpital de Varsovie. JAntimicrob Chemother ; 44 : 489-499.

Paterson DL, L. Mulazimoglu, J.M. Casellas, *et al.* 2000. Epidémiologie de la résistance à la ciprofloxacine et sa relation avec la production de bêta-lactamase à spectre étendu dans les isolats de *Kelbsiellapneumoniae* causant des bactériémies. Clin Infect Dis ; 30 : 473-478.

Paterson, D. L. 2002. Recherche des facteurs de risque d'acquisition d'une résistance aux antibiotiques : une approche du 21e siècle. Clin. Infect. Dis ; 34:1564-1567.

Paterson DL, Ko WC, Von Gottberg A, Mohapatra S, Casellas JM, Goossens H, Mulazimoglu

L, Trenholme G, Klugman KP, Bonomo RA, et al. 2004. Antibiotic therapy for Klebsiella pneumonia bacteremia : implications of production of extended-spectrum beta-lactamases. Clin Infect Dis, 39:31-37. [PubMed : 15206050]

Paterson D.L, R.A. Bonomo. 2005. Bêta-lactamases à spectre étendu : une mise à jour clinique. Clin Microbiol Rev ; 18:657-686.

Pena C, M. Pujol, A. Ricart, C. Ardanuy, J. Ayats, J. Linares, F. Garrigosa, J. Ariza et F. Gudiol. 1997. Risk factors for faecal carriage of *Klebsiella pneumoniae* producing extended spectrum beta-lactamase (ESBL-KP) in the intensive care unit. J. Hosp. Infect ; 35:9-16.

Philippon, A, R. Labia et G. Jacoby. 1989. Bétalactamases à spectre étendu. Antimicrobe. Agents chimiothérapiques ; 33:1131-1136.

Prabha L, A. Kapil, B. K. Das, S. Sood. 2007. Occurrence des gènes TEM & SHV dans les b-lactamases à spectre étendu (ESBL) produisant Klebsiella *sp*. Isolé d'un hôpital de soins tertiaires. Indian J Med Res ; 125, pp 173-178.

Prinarakis EE, V. Miriagou, E. Tzelepi, M. Gazouli, L.S. Tzouvelekis.1997. Émergence d'une B-lactamase résistante aux inhibiteurs (SHV-10) dérivée d'un variant de SHV-5. Antimicrob Agents Chemother ; 41:838-840.

Podschun R. U, Cellmann. 1998. Klebsiella spp. comme agents pathogènes nosocomiaux : épidémiologie, taxonomie, méthodes de typage et facteur de pathogénicité : Clinical Microbiol Rev.11 (4) ; 589 603

Poirel L, M. Gniadkowski, P. Nordmann. 2002. Biochemical analysis of the ceftazidime-hydrolysant la bêta-lactamase CTX-M-15 à spectre étendu et sa bêta-lactamase CTX-M-3 structurellement apparentée. J Antimicrob Chemother ; 50:1031-1034.

Poirel L, E. Lebessi, M. Castro, C. Fevre, M. Foustokou, P. Nordmann.2004. Foyer nosocomial d'isolats de *Psuedomonas aeruginosa* producteurs de bêta-lactamase à spectre étendu SHV-5 à Athènes, Grèce. Antimicrob Agents Chemother ; 48:2277-2279.

Poirl L, H. Mammeri, P. Nordmann. 2004. TEM-121, un nouveau mutant complexe de bêta-lactamases de type TEM provenant d'*Enterobacter aerogenes*. Antimicrob Agents Chemother; 48:45284531.

Quale, J. M., D. Landman, P. A. Bradford, M. Visalli, J. Ravishankar, C. Flores, D. Mayorga, K. Vangala et A. Adedeji. 2002. Épidémiologie moléculaire d'une épidémie d'infection à *Klebsiella pneumoniae à* spectre étendu produisant de la bêta-lactamase dans toute la ville. Clin. Infection. Dis ; 35:834-841.

Quinn, J. P., D. Miyashiro, D. Sahm, R. Flamm et K. Bush. 1989. Nouvelle bêta-lactamase à médiation plasmidique (TEM-10) conférant une résistance sélective à la ceftazidime et à l'aztréonam dans des isolats cliniques de *Klebsiella pneumoniae*. Antimicrob. Agents Chemother; 33:14511456.

Radice M, P. Power, J. DiConza, G. Gutkind. 2002. Dissémination précoce des enzymes dérivées du CTX-M en Amérique du Sud. Antimicrob Agents Chemother ; 46:602-604.

Rasheed J.K, C. Jay, B. Metchock, *et al*. 1997. Evolution de la résistance aux b-lactamines à spectre étendu (SHV-8) chez une souche d'*Escherichia coli au* cours de multiples épisodes de bactériémie. Antimicrob Agents Chemother ; 41:647-653.

Roh H. K, U.H. Young, J. S. Kim, H. S Kim, D. H Shin et W. Song. 2008. Première éclosion de *Klebsiella pneumoniae* multirésistante produisant à la fois de la bêta-lactamase de type SHV-12 à spectre étendu et de l'amp-C-lactamase de type DHA-1 dans un hôpital coréen. Yonsei Med ; 49(1):53 - 57, 2.

Shahcheraghi F, H. Moezi, M. M. Feizabadi. 2007. Distribution des gènes tem et SHV B-lactamase parmi les souches de klebsiella pneumoniae isolées chez des patients à Téhéran ; 13(11):BR247-250.

Shannon K, I. Phillips. Les effets sur la sensibilité aux bêta-lactamines de l'induction phénotypique et de la dérépression génotypique de la synthèse des bêta-lactamases. Journal of Antimicrobial Chemotherapy ; 18 Suppl E : 15-22.

Sanders C.C, W.E Sanders. 1992. La résistance des bactéries gram-négatives aux bêta-lactamines : tendances mondiales et impact clinique. Clinical Infectious Diseases ; 15(5):824-39.

Sanders W. E Jr. J.H Tenney. R.E Kessler. 1996. Efficacité du céfépime dans le traitement des infections dues à des espèces d'Enterobacter résistantes à la multiplication. Clinical Infectious Diseases ; 23(3):454-61.

Klebsiella pneumoniae et *Escherichia coli* Schiappa D. A, M. K. Hayden, M. G. Matushek, F. N. Hashemi, J. Sullivan, K. Y. Smith, D. Miyashiro, J. P. Quinn, R. A. Weinstein, and G. M. Trenholme. 1996. Ceftazidimerésistants aux infections sanguines : une enquête épidémiologique moléculaire et de contrôle des cas. J. Infecter. Dis ; 174:529-536.

Sekowska A, G. Janicka, C. Klyszejko, M. Wojda, M. Wroblewski et M. Szymankiewicz . 2002. Résistance des souches de *Klebsiella pneumoniae* produisant et ne produisant pas d'enzymes de type ESBL (bêta-lactamase à spectre étendu) à certains antibiotiques non bêta-lactamines. Méd. Sci. Monit ; 8:BR100-104.

Sirot D, J. Sirot, R. Labia, A. Morand, P. Courvalin, A. Darfeuille- Michaud, R. Perroux, et R. Cluzel. 1987. Résistance transférable aux céphalosporines de troisième génération dans des isolats cliniques de *Klebsiella pneumoniae :* identification de la CTX-1, une nouvelle bêta-lactamase. J. Antimicrobe. Chemother ; 20:323-334.

Sirot D, C. Chanal. C. Henquell. R. Labia. J. Sirot. R. Cluzel. 1994. Isolats cliniques d'Escherichia.coli produisant de multiples mutants TEM résistants aux inhibiteurs de la bêta-lactamase. Journal of Antimicrobial Chemotherapy ; 33(6):1117-26.

Sirot D.1995. Bêta-lactamases à spectre étendu médiées par des plasmides. J Antimicrob Chemother ; 36:19-34.

Sougakoff W, S. Goussard, G. Gerbaud, P. Courvalin.1988. Plasmide-mediated resistance to third - generation cephalosporins caused by point mutations in TEM-type penicillinase genes. Rev Infect Dis ; 10:879-884.

Tasli. H et H. Bahar. 2005. Caractérisation moléculaire des bêta-lactamases à spectre étendu induites par le TEM et le SHV dans les entérobactéries hospitalières en Turquie. Jpn.J.Infect.Dis ; 58,162-167.

Thomson KS, A.M. Prevan et C.C. Sanders. 1996. Nouvelles bêta-lactamases à médiation plasmidique dans les entérobactéries : problèmes émergents pour les nouveaux antibiotiques bêta-lactamines. Current Clinical Topics in Infectious Diseases;16:151-63.

Tonkic M, I. Goic-Barisic. 2005. Prévalence et résistance antimicrobienne des souches d'*Escherichia coli* et de *Klebsiella pneumoniae* produisant des bêta-lactamases à spectre étendu, isolées dans un hôpital universitaire de Split, en Croatie. Int. Microbiol. 8(2) : 119-24.

Tzouvelekis L.S, E. Tzelepi, P.T. Tassios, N.J. Legakis. 2000. CTX-M- type - betalactamases : un groupe émergent d'enzymes à spectre étendu. Int J Antimicrob Agents ; 14:137-142.

Varsha Gupta, Nidhi Singla, Jagdish Chander. 2007. Détection des ESBL à l'aide de céphalosporines de troisième et quatrième génération dans un test de synergie à double disque. Indian J Med Res 126, novembre, pp 486-487.

Villa L, C. Pezzella, F. Tosini, P. Visca, A. Petrucca, A. Carattoli. 2000. Résistance aux antibiotiques multiples par l'intermédiaire de plasmides IncL/M structurellement apparentés portant un gène de bêta-lactamase à spectre étendu et un intégron de classe 1. Antimicrob Agents Chemother ; 44:2911-2914.

Villanueva .F.D, T. E. Tupasi, H. G. Abiad, B.Q. Baello, et R. C.Cardano. 2003. Extended-spectrum beta-lactamase Production among *Escherichia coli* and *Klebsiella spp.* at the Makati Medical Center : Tentative de solutions. Phil J Microbiol Infect Dis, 32(3):103-108.

Wertz J.E, C. Goldstone, D.M. Gordon, M.A. Riley. 2003. Une phylogénie moléculaire des bactéries entériques et ses implications pour un concept d'espèce bactérienne. J Evol Biol ; 16 : 1236-48.

Wiener, J., J. P. Quinn, P. A. Bradford, R. V. Goering, C. Nathan, K. Bush et R. A. Weinstein. 1999. Multiple antibiotic-resistant *Klebsiella* and *Escherichia coli* in nursing homes. JAMA ; 281:517-523.

Winokur P.L, Brueggemann, D.L. DeSalvo, *et al.* 2000. Isolats de *Salmonella* animaux et humains multirésistants aux céphalosporines, exprimant une bêta-lactamase CMY-2 AmpC à médiation plasmidique. Antimicrob Agents Chemother, 44 : 2777-2783.

Yu Y, W. Zhou, Y. Chen, Y. Ding et Y. Ma. 2002. Étude épidémiologique et de résistance aux antibiotiques sur *Escherichia coli* et *Klebsiella pneumoniae,* producteurs de bêta-lactamase à spectre étendu, dans la province du Zhejiang. Chin Med. J. (Engl.) 115:1479-1482.

Yu W. L, M. A. Pfaller, P. L. Winokur et R. N. Jones. 2002. La CMI du céfépime comme prédicteur du type de bêta-lactamase à spectre étendu chez *Klebsiella pneumoniae,* Taïwan. Infection émergente. Dis ; 8:522-524

Yuan M, H. Aucken, L. M. Hall, T. L. Pitt, et D. M. Livermore. 1998. Typage épidémiologique des klebsiellae avec les bêta-lactamases à spectre étendu des unités de soins intensifs européennes. J. Antimicrob. Chemother ; 41:527-539.

Zakaria B, M. Chitsaz, P. Owlia. 2010. Détection des CTX-M-Ş lactamases dans les *pneumonies à Klebsiella* isolées. Iranian Journal of Pathology, 137 - 142.

Zakaria Y, E.L. Astal, H. Ramadan. 2008. Occurrence des B-lactamases à spectre étendu dans des isolats de pneumonie à klebsiella et d'E.coli. Revue internationale de biologie intégrative ; IJIB 2-123.

Zeba B, J. Simpore, O.G. Nacoulma, J.M. Frere. 2004. Prévalence des gènes bla-SHV dans des isolats cliniques de Klebsiella pneumoniae au centre hospitalier Saint Camille de Ouagadougou. Isolement du gène similaire au blaSHV-77. African journal of Biotechnology ; 3 (9) : 477-480.

ANNEXES

ANNEXE 1

Analyse SPSS des gènes bla et de la résistance aux antibiotiques de *K.pneumoniae* dans les hôpitaux d'Ilam

Analyse des fréquences

CA

	Fréquence	Pourcentage	Pourcentage valable	Cumulatif Pourcentage
Valable R	102	49.0	49.0	49.0
				100.0
S	106	51.0	51.0	
Total	208	100.0	100.0	

CE

	Fréquence	Pourcentage	Pourcentage valable	Pourcentage cumulé
Total R S valide	92	44.2	44.2	44.2
	116	55.8	55.8	100.0
	208	100.0	100.0	

CI

	Fréquence	Pourcentage	Pourcentage valable	Pourcentage cumulé
Total R S valide	111	53.4	53.4	53.4
	97	46.6	46.6	100.0
	208	100.0	100.0	

CEP

	Fréquence	Pourcentage	Pourcentage valable	Pourcentage cumulé

Total R S valide	79	38.0	38.0	38.0
	129	62.0	62.0	100.0
	208	100.0	100.0	

AO

	Fréquence	Pourcentage	Pourcentage valable	Pourcentage cumulé
Valable R	75	36.1	36.1	36.1
S	133	63.9	63.9	100.0
Total	208	100.0	100.0	

CAC

	Fréquence	Pourcentage	Pourcentage valable	Pourcentage cumulé
Valid R	66	31.7	86.8	86.8
S	10	4.8	13.2	100.0
Total	76	36.5	100.0	
Système manquant	132	63.5		
Total	208	100.0		

CEC

	Fréquence	Pourcentage	Pourcentage valable	Pourcentage cumulé
Valid R	18	8.7	23.7	23.7
S Total	58	27.9	76.3	100.0
	76	36.5	100.0	
Système manquant	132	63.5		
Total	208	100.0		

CEPC

	Fréquence	Pourcentage	Pourcentage valable	Pourcentage cumulé
Valid R	76	36.5	100.0	100.0
Système manquant	132	63.5		
Total	208	100.0		

AK

	Fréquence	Pourcentage	Pourcentage valable	Pourcentage cumulé
Valid R	6	2.9	7.9	7.9
S	70	33.7	92.1	100.0
Total	76	36.5	100.0	
Système manquant	132	63.5		
Total	208	100.0		

		Fréquence	Pourcentage	Pourcentage valable	Pourcentage cumulé
Valid	R	3	1.4	4.0	4.0
	S	72	34.6	96.0	100.0
	Total	75	36.1	100.0	
Système manquant		133	63.9		
Total		208	100.0		

		Fréquence	Pourcentage	Pourcentage valable	Pourcentage cumulé
Valid	R	9	4.3	12.0	12.0
	S	66	31.7	88.0	100.0
	Total	75	36.1	100.0	
Système manquant		133	63.9		
Total		208	100.0		

		Fréquence	Pourcentage	Pourcentage valable	Pourcentage cumulé
Valid	S	76	36.5	100.0	100.0
Système manquant		132	63.5		
Total		208	100.0		

aSHV

		Fréquence	Pourcentage	Pourcentage valable	Pourcentage cumulé
Valid	Positif	62	29.8	81.6	81.6
	négatif	14	6.7	18.4	100.0
	Total	76	36.5	100.0	
Système manquant		132	63.5		
Total		208	100.0		

blaTEM

		Fréquence	Pourcentage	Pourcentage valable	Pourcentage cumulé
Valid	positive	10	4.8	13.2	13.2
	négatif	66	31.7	86.8	100.0
	Total	76	36.5	100.0	
Système manquant		132	63.5		
Total		208	100.0		

blactx

		Fréquence	Pourcentage	Pourcentage valable	Pourcentage cumulé
Valid	positive	14	6.7	18.4	18.4
	négatif	62	29.8	81.6	100.0
	Total	76	36.5	100.0	
Système manquant		132	63.5		
Total		208	100.0		

gened

		Fréquence	Pourcentage	Pourcentage valable	Pourcentage cumulé
Valid	shv,tem	6	2.9	50.0	50.0
	shv,ctxm	6	2.9	50.0	100.0
	Total	12	5.8	100.0	
Système manquant		196	94.2		
Total		208	100.0		

ANNEXE 2

31	9/ju	UTI	S	S	S	S	S
32	11/ju	Infection des lésions	R	S	S	R	R
33	12/ju	RTI	R	R	R	R	R
34	14/ju	UTI	S	R	S	S	S
35	15/ju	UTI	S	S	S	S	S
36	15/ju	RTI	R	S	R	R	R
37	15/ju	UTI	S	R	S	S	S
38	16/ju	Service de chirurgie	S	S	S	S	S
39	17/ju	RTI	S	S	S	S	S
40	17/ju	Infection des lésions	S	S	S	S	S
41	18/ju	UTI	S	R	S	S	S
42	22/ju	CSI WARD	S	S	S	S	S
43	25/ju	UTI	R	S	R	R	R
44	30/ju	UTI	S	S	R	S	S
45	2/jul	Service de chirurgie	S	S	S	S	S
46	5/jul	Infection des lésions	R	R	S	S	S
47	6/jul	UTI	S	S	R	S	S
48	7/jul	UTI	S	S	S	S	S
49	10/jul	Service de chirurgie	S	R	S	S	S
50	15/jul	UTI	R	S	S	R	R
51	17/jul	RTI	R	S	R	S	S
52	20/jul	UTI	S	R	R	S	S
53	24/jul	UTI	S	S	S	S	S
54	28/jul	Service de chirurgie	R	I	S	R	R
55	2/au	RTI	S	S	S	S	S
56	3/au	UTI	S	S	R	S	S
57	4/au	Infection des lésions	R	R	S	R	R
58	6/au	RTI	R	R	R	R	R
59	10/au	UTI	R	R	R	R	R

60	11/au	Infection des lésions	S	I	I	S	S
61	16/au	UTI	S	I	S	S	S
62	19/au	UTI	S	S	S	S	S
63	20/au	Service de chirurgie	I	I	I	I	I
64	21/au	RTI	S	S	I	S	S
65	23/au	Infection des lésions	S	I	S	S	S
66	26/au	CSI WARD	S	S	S	S	S
67	4/sep	RTI	S	S	S	S	S
68	4/se	UTI	S	S	S	S	S
69	6/sep	Infection des lésions	S	S	S	S	S
70	8/se	UTI	S	S	S	S	S
71	9/se	CSI WARD	S	S	S	S	S
72	10/se	UTI	S	S	S	S	S
73	11/se	Infection des lésions	I	S	I	I	I
74	18/se	Infection des lésions	I	I	I	I	I
75	21/se	Service de chirurgie	S	I	I	S	S
76	23/se	UTI	I	S	I	I	I
77	25/se	CSI WARD	I	S	S	S	S
78	26/se	UTI	I	S	S	I	I
79	29/se	UTI	I	I	I	I	I
80	30/se	Infection des lésions	S	S	I	S	S
81	2/oct	UTI	S	S	S	S	S
82	3/oct	Service de chirurgie	S	S	I	S	S
83	5/oct	UTI	S	S	S	S	S
84	5/oct	UTI	I	S	I	I	I
85	6/oct	UTI	I	I	I	I	I
86	7/oct	UTI	S	S	S	S	S
87	9/oct	UTI	S	I	S	S	S
88	9/oct	UTI	I	S	I	I	I

89	10/oct	Infection des lésions	R	S	R	R	R
90	12/oct	UTI	S	S	S	S	S
91	16/oct	UTI	R	S	R	R	R
92	18/oct	Infection des lésions	S	R	R	S	S
93	22/oct	UTI	R	S	R	R	R
94	22/oct	Service de chirurgie	R	R	R	R	R
95	25/oct	Infection des lésions	S	S	S	S	S
96	27 /oct	CSI WARD	R	R	R	R	R
97	28/oct	UTI	S	R	S	S	S
98	28/oct	UTI	S	R	S	S	S
99	31/oct	UTI	S	S	S	S	S
100	31/oct	UTI	R	R	R	R	R
101	1/nov	UTI	S	S	S	S	S
102	2/nov	Infection des lésions	R	S	s	R	R
103	4/nov	UTI	S	R	R	S	S
104	4/nov	UTI	S	S	S	S	S
105	5/nov	RTI	R	R	R	R	R
106	6/nov	RTI	R	R	R	R	R
107	7/nov	UTI	R	R	R	R	R
108	7/nov	UTI	R	S	R	R	R
109	9/nov	UTI	S	S	S	S	S
110	10/nov	RTI	S	R	R	S	S
111	12/nov	UTI	S	S	S	S	S
112	13/nov	RTI	R	R	R	R	R
113	15/nov	Service de chirurgie	R	S	R	R	R1
114	17/nov	RTI	R	R	R	S	S
115	17/nov	UTI	R	R	R	S	S
116	18/nov	UTI	S	R	S	S	S
117	22/nov	RTI	S	S	S	S	S

118	24/nov	UTI	R	S	R	R	R
119	25/nov	RTI	R	S	R	R	S
120	26/nov	UTI	S	R	S	S	S
121	27/nov	UTI	S	R	S	S	S
122	28/nov	CSI WARD	R	R	S	R	S
123	28/nov	CSI WARD	S	S	S	S	S
124	29/nov	UTI	S	R	S	S	S
125	3/dec	UTI	S	R	S	S	S
126	4/dec	Service de chirurgie	R	S	S	R	R
127	6/dec	UTI	R	R	S	S	S
128	7/dec	UTI	S	R	S	S	S
129	8/dec	CSI WARD	R	S	S	S	S
130	10/dec	UTI	S	S	S	S	S
131	12/dec	UTI	S	R	S	S	S
132	15/dec	UTI	R	R	S	S	S
133	18/dec	UTI	S	S	S	S	S
134	18/dec	RTI	R	R	R	R	R
135	19/dec	UTI	R	R	R	R	R
136	20/dec	UTI	S	R	R	S	S
137	20/dec	UTI	R	S	R	R	R
138	22/dec	UTI	R	R	R	R	R
139	24/dec	Infection des lésions	R	R	R	S	S
140	25/dec	CSI WARD	S	S	S	S	S
141	25/dec	UTI	S	S	R	S	S
142	27/dec	UTI	R	R	S	S	S
143	29/dec	UTI	S	S	R	S	S
144	29/dec	Service de chirurgie	S	S	S	S	S
145	29/dec	RTI	R	S	S	S	S
146	29/dec	CSI WARD	S	S	R	S	S

147	30/dec	RTI	R	S	S	S	S
148	30/dec	RTI	R	R	R	R	R
149	2/jan	UTI	S	S	R	S	S
150	2/jan	RTI	R	S	S	S	S
151	2/jan	UTI	R	R	R	R	R
152	2/jan	UTI	R	R	R	R	R
153	3/jan	UTI	R	S	R	R	R
154	3/jan	UTI	S	S	R	S	S
155	4/janvier	CSI WARD	R	R	R	R	R
156	5/jan	Infection des lésions	R	R	s	R	R
157	6/janvier	UTI	R	R	R	R	R
158	7/janvier	UTI	S	S	R	S	S
159	7/janvier	UTI	R	S	R	S	S
160	8/jan	CSI WARD	S	S	S	S	S
161	9/janvier	Infection des lésions	R	R	R	S	S
162	9/janvier	UTI	R	S	R	R	R
163	10/janvier	UTI	R	S	R	R	R
164	11/jan	UTI	R	S	R	R	R
165	11/jan	CSI WARD	S	S	S	S	S
166	12/j an	CSI WARD	S	S	S	S	S
167	12/j an	UTI	S	R	R	S	S
168	13/janvier	UTI	R	R	R	R	R
169	14/jan	RTI	R	R	R	R	R
170	15/j an	Service de chirurgie	S	S	S	S	S
171	16/j an	UTI	S	R	R	S	S
172	18/janvier	UTI	R	S	R	R	R
173	24/jan	UTI	R	R	R	R	R
1 74	25/janvier	UTI	S	S	S	S	S
175	27/janvier	RTI	R	R	R	R	R

176	28/janvier	CSI WARD	R	R	S	S	S
177	1/feb	UTI	R	S	R	R	R
178	3/feb	RTI	S	R	R	S	S
179	4/feb	UTI	R	S	R	R	R
180	4/feb	RTI	**S**	S	R	S	S
181	5/feb	UTI	R	R	R	R	R
182	6/feb	Infection des lésions	R	S	R	S	S
183	7/fév	RTI	R	**S**	R	R	R
184	7/fév	RTI	S	**S**	R	S	S
185	7/fév	RTI	R	S	R	S	S
186	8/feb	UTI	R	S	R	R	R
187	8/feb	RTI	R	R	R	R	R
188	9/fév	UTI	R	R	S	S	S
189	10/feb	UTI	S	R	S	S	S
190	10/feb	UTI	S	R	R	S	S
191	11/feb	RTI	R	R	R	R	R
192	12/feb	RTI	R	S	R	R	R
193	13/feb	RTI	R	S	R	R	R
194	14/feb	UTI	R	S	S	R	S
195	16/feb	UTI	S	R	S	S	S
196	16/feb	RTI	S	S	R	S	S
197	17/fév	Service de chirurgie	R	R	R	R	R
198	18/feb	UTI	S	R	S	S	S
199	26/feb	UTI	R	R	R	R	R
200	27/fév	UTI	S	R	R		R
201	28/feb	Infection des lésions	R	S	R	R	R
202	2/mar	CSI WARD	S	S	S	S	S
203	3/mar	RTI	R	R	R	R	R
204	7/mar	Service de chirurgie	S	S	R	S	S

205	11/mar	UTI	R	S	R	R	R
206	14/mar	UTI	S	R	S	S	S
207	15/mar	UTI	S	R	S	S	S
208	16/mar	UTI	R	R	R	R	R

ANNEXE 3

Données sur le stade de confirmation, la résistance aux antibiotiques non bêta-lactamines et le blagène détectés dans les hôpitaux d'Ilam *(K.pneumoniae)*

Ilam hospit als	Données	Unite	Ca c	Ce c	Ce pc	A k	C f	C o	I	SH V	TEM	CTX M
1	5/ap	UTI	R	S	R	S	S	S	S			
6	12/ap	UTI	R	S	R	S	S	S	S			
10	17/ap	UTI	R	S	R	S	S	S	S			
13	27/ap	RTI	R	R	R	S	S	R	S			
14	29/ap	UTI	R	S	R	S	S	S	S			
22	6/ma	UTI	R	R	R	S	S	S	S			
23	14/ma	UTI	R	S	R	S	S	S	S			
30	5/ju	UTI	R	R	R	S	S	S	S			
32	11/ju	Infection des lésions	R	S	R	S	S	S	S			
33	12/ju	RTI	R	S	R	R	S	R	S			
36	15/ju	RTI	R	S	R	S	S	S	S			
43	25/ju	UTI	R	S	R	S	S	S	S			
50	15/jul	UTI	R	S	R	S	S	S	S			
54	28/jul	Service de chirurgie	R	S	R	S	S	S	S			
57	4/au	Infection des lésions	R	S	R	S	S	S	S			
58	6/au	RTI	R	S	R	S	S	S	S			
59	10/au	UTI	R	R	R	S	S	S	S			
63	20/au	Service de chirurgie	R	S	R	S	S	S	S			
73	11/se	Infection des	R	S	R	S	S	S	S			

		n										
74	18/se	Infection des lésions	R	R	R	R	S	R	S		-	-
76	23/se	UTI	R	S	R	S	S	S	S			-
78	26/se	UTI	R	S	R	S	S	S	S			-
79	29/se	UTI	R	R	R	R	S	S	S			-
84	5/oct	UTI	R	S	R	S	S	S	S			-
85	6/oct	UTI	R	S	R	S	S	S	S			-
88	9/oct	UTI	R	S	R	S	S	S	S			-
89	10/oct	Infection des lésions	R	S	R	S	S	S	S		-	-
91	16/oct	UTI	S	S	R	S	S	S	S			-
93	22/oct	UTI	R	S	R	S	S	S	S			-
94	22/oct	Service de chirurgie	R	S	R	S	S	S	S			-
96	27 /oct	CSI WARD	R	S	R	S	S	S	S			-
100	31/oct	UTI	R	S	R	S	S	S	S			
102	2/nov	Infection des lésions	R	S	R	S	S	S	S		-	-
105	5/nov	RTI	R	R	R	S	S	R	S			
106	6/nov	RTI	R	S	R	S	S	S	S			
107	7/nov	UTI	R	R	R	S	S	S	S			
108	7/nov	UTI	R	S	R	S	S	S	S			
112	13/nov	RTI	S	S	R	S	S	S	S			
113	15/nov	Service de chirurgie	R	S	R	S	S	S	S			
118	24/nov	UTI	S	S	R	S	S	S	S			
126	4/dec	Service de chirurgie	R	S	R	S	S	S	S			-
134	18/dec	RTI	R	S	R	S	S	R	S			-
135	19/dec	UTI	R	S	R	S	S	S	S			-
137	20/dec	UTI	R	S	R	S	S	S	S			-
138	22/dec	UTI	R	S	R	S	S	S	S			-
148	30/dec	RTI	R	R	R	S	S	S	S			

151	2/jan	UTI	R	S	R	S	S	S	S			
152	2/jan	UTI	R	S	R	S	S	S	S			
153	3/jan	UTI	R	S	R	S	S	S	S			
155	4/janvier	CSI WARD	R	S	R	S	S	S	S			
156	5/jan	Infection des lésions	R	S	R	S	S	S	S			
157	6/janvier	UTI	S	R	R	S	S	S	S			
162	9/janvier	UTI	R	S	R	S	S	S	S			
163	10/janvier	UTI	R	S	R	S	S	S	S			
164	11/jan	UTI	R	S	R	R	S	S	S			
168	13/janvier	UTI	R	S	R	S	S	S	S			
169	14/jan	RTI	R	S	R	S	R	R	S			
172	18/janvier	UTI	R	R	R	R	R	R	S			
173	24/jan	UTI	R	R	R	S	S	S	S			
175	27/janvier	RTI	S	R	R	S	S	S	S			
177	1/feb	UTI	R	S	R	S	S	S	S			
179	4/feb	UTI	R	S	R	S	S	S	S			
181	5/feb	UTI	S	R	R	S	S	S	S			
183	7/fév	RTI	R	S	R	S	S	S	S			
186	8/feb	UTI	R	S	R	S	S	S	S			
187	8/feb	RTI	S	R	R	R	S	R	S			
191	11/feb	RTI	S	R	R	S	S	S	S			
192	12/feb	RTI	R	S	R	S	S	S	S			
193	13/feb	RTI	R	S	R	S	S	S	S			
197	17/fév	Service de chirurgie	R	S	R	S	S	S	S			
199	26/feb	UTI	S	R	R	S	S	S	S			
200	27/fév	UTI	S	R	R	S	S	S	S			
201	28/feb	Infection des lésions	R	S	R	S	S	S	S			
203	3/mar	RTI	R	S	R	S	S	S	S			

| 205 | 11/mar | UTI | R | S | R | S | S | S | S | | | |
| 208 | 16/mar | UTI | S | R | R | R | R | R | S | | | |

ANNEXE 4
Analyse SPSS des blagènes et de la résistance antibactérienne dans les hôpitaux Ilam *(K.oxytoca)*

Ca

		Fréquence	Pourcentage	Pourcentage valable	Pourcentage cumulé
Valid	R	5	33.3	41.7	41.7
	S	7	46.7	58.3	100.0
	Total	12	80.0	100.0	
Système manquant		3	20.0		
Total		15	100.0		

Ce

		Fréquence	Pourcentage	Pourcentage valable	Pourcentage cumulé
Valid	R	1	6.7	8.3	8.3
	S	11	73.3	91.7	100.0
	Total	12	80.0	100.0	
Système manquant		3	20.0		
Total		15	100.0		

Ci

		Fréquence	Pourcentage	Pourcentage valable	Pourcentage cumulé
Valid	R	4	26.7	33.3	33.3
	S	8	53.3	66.7	100.0
	Total	12	80.0	100.0	
Système manquant		3	20.0		
Total		15	100.0		

Cep

		Fréquence	Pourcentage	Pourcentage valable	Pourcentage cumulé
Valid	R	3	20.0	25.0	25.0
	S	9	60.0	75.0	100.0
	Total	12	80.0	100.0	
Système manquant		3	20.0		
Total		15	100.0		

Ao

		Fréquence	Pourcentage	Pourcentage valable	Pourcentage cumulé
Valid	R	3	20.0	25.0	25.0
	S	9	60.0	75.0	100.0
	Total	12	80.0	100.0	
Système manquant		3	20.0		
Total		15	100.0		

blaSHV

		Fréquence	Pourcentage	Pourcentage	Cumulatif Pourcentage
Valid	Positif	3	20.0	100.0	100.0
Système manquant		12	80.0		
Total		15	100.0		

Cac

		Fréquence	Pourcentage	Pourcentage	Cumulatif Pourcentage
Valid	R	3	20.0	100.0	100.0
Système manquant		12	80.0		
Total		15	100.0		

Cec

		Fréquence	Pourcentage	Pourcentage	Cumulatif Pourcentage
Valid	S	3	20.0	100.0	100.0
Système manquant		12	80.0		
Total		15	100.0		

Cepc

		Fréquence	Pourcentage	Pourcentage	Cumulatif Pourcentage
Valid	R	4	26.7	100.0	100.0
Système manquant		11	73.3		
Total		15	100.0		

ANNEXE 5

Données sur le stade de dépistage à l'hôpital d'Ilam *(K.oxytoca)*

Hôpital Ilam	Données	Unite	Ca	Ce	Ci	Cep	Ao
1	22/ap	Lesion Infection	S	S	S	S	S
2	17/ju	Lesion Infection	S	S	S	S	S

3	2/nov	RTI	S	S	S	S	S
4	5/dec	RTI	R	S	R	R	R
5	16/oct	RTI	S	S	S	S	S
6	25/dec	Service de chirurgie	R	R	R	R	R
7	20/j an	RTI	R	S	S	S	S
8	15/fév	Service de chirurgie	R	S	R	S	S
9	29/feb	RTI	S	S	S	S	S
10	29/feb	RTI	R	S	R	R	R
11	10/mar	RTI	S	S	S	S	S
12	16/mar	RTI	S	S	S	S	S

ANNEXE 6

Données sur le stade de confirmation, la résistance aux antibiotiques non bêta-lactamines et la fréquence des blagènes

Hôpital llam s	Nom et prénom	données	Unite	Ca c	Ce c	Cep c	A k	C f	C o	I	SH V	TE M	CTX - M
4	Vous ousefvand. mitr a	5/dec	RTI	R	S	R	S	S	S	S		—	—
6	Rastani.hadayat	25/de c	Service de chirurgie	R	S	R	S	S	S	S		—	—
10	Sadeghi reza	29/feb	10	R	S	R	S	S	S	S		—	—

ANNEXE 7
Analyse SPSS des blagènes et de la résistance antibactérienne à l'hôpital Milad (K.pneumoniae)

Analyse des fréquences

CA

		Fréquence	Pourcentage	Pourcentage valable	Pourcentage cumulé
Valid	R	175	65.8	66.0	66.0
	S	90	33.8	34.0	100.0
	Total	265	99.6	100.0	
Système manquant		1	.4		
Total		266	100.0		

CE

	Fréquence	Pourcentage	Pourcentage valable	Pourcentage cumulé
Valid R	123	46.2	46.4	46.4
S	142	53.4	53.6	100.0
Total	265	99.6	100.0	
Système manquant	1	.4		
Total	266	100.0		

CI

	Fréquence	Pourcentage	Pourcentage valable	Pourcentage cumulé
Valid R	160	60.2	60.4	60.4
S	105	39.5	39.6	100.0
Total	265	99.6	100.0	
Système manquant	1	.4		
Total	266	100.0		

CEP

	Fréquence	Pourcentage	Pourcentage valable	Pourcentage cumulé
Valid R	138	51.9	52.1	52.1
S	127	47.7	47.9	100.0
Total	265	99.6	100.0	
Système manquant	1	.4		
Total	266	100.0		

AO

	Fréquence	Pourcentage	Pourcentage valable	Pourcentage cumulé
Valid R	137	51.5	51.7	51.7
S	128	48.1	48.3	100.0
Total	265	99.6	100.0	
Système manquant	1	.4		
Total	266	100.0		

CAC

	Fréquence	Pourcentage	Pourcentage valable	Pourcentage cumulé
Valid R	119	44.7	86.9	86.9
S	18	6.8	13.1	100.0
Total	137	51.5	100.0	
Système manquant	129	48.5		
Total	266	100.0		

CEC

		Fréquence	Pourcentage	Pourcentage valable	Pourcentage cumulé
Valid	R	43	16.2	31.4	31.4
	S	94	35.3	68.6	100.0
	Total	137	51.5	100.0	
Système manquant		129	48.5		
Total		266	100.0		

CEPC

		Fréquence	Pourcentage	Pourcentage valable	Pourcentage cumulé
Valid	R	137	51.5	100.0	100.0
Système manquant		129	48.5		
Total		266	100.0		

AK

		Fréquence	Pourcentage	Pourcentage valable	Pourcentage cumulé
Valid	R	46	17.3	33.6	33.6
	S	91	34.2	66.4	100.0
	Total	137	51.5	100.0	
Système manquant		129	48.5		
Total		266	100.0		

CF

		Fréquence	Pourcentage	Pourcentage valable	Pourcentage cumulé
Valid	R	29	10.9	21.2	21.2
	S	108	40.6	78.8	100.0
	Total	137	51.5	100.0	
Système manquant		129	48.5		
Total		266	100.0		

CO

		Fréquence	Pourcentage	Pourcentage valable	Pourcentage cumulé
Valid	R	54	20.3	39.4	39.4
	S	83	31.2	60.6	100.0
	Total	137	51.5	100.0	
Système manquant		129	48.5		
Total		266	100.0		

I

	Fréquence	Pourcentage	Pourcentage valable	Pourcentage cumulé
Valid S	137	51.5	100.0	100.0
Système manquant	129	48.5		
Total	266	100.0		

blaSHV

	Fréquence	Pourcentage	Pourcentage valable	Pourcentage cumulé
Valid Positif	120	45.1	87.6	87.6
négatif	17	6.4	12.4	100.0
Total	137	51.5	100.0	
Système manquant	129	48.5		
Total	266	100.0		

blaTEM

	Fréquence	Pourcentage	Pourcentage valable	Pourcentage cumulé
Valid positive	17	6.4	12.4	12.4
négatif	120	45.1	87.6	100.0
Total	137	51.5	100.0	
Système manquant	129	48.5		
Total	266	100.0		

blactx

	Fréquence	Pourcentage	Pourcentage valable	Pourcentage cumulé
Valid positive	34	12.8	24.8	24.8
négatif	103	38.7	75.2	100.0
Total	137	51.5	100.0	
Système manquant	129	48.5		
Total	266	100.0		

gened

	Fréquence	Pourcentage	Pourcentage valable	Pourcentage cumulé
Valid shv,tem	4	1.5	13.3	13.3
shv,ctxm	21	7.9	70.0	83.3
tem,ctxm	1	.4	3.3	86.7
shv,tem,ctx-m	4	1.5	13.3	100.0
Total	30	11.3	100.0	
Système manquant	236	88.7		
Total	266	100.0		

Données de la phase de dépistage

Hôpital Milad	données	Unite	Ca	Ce	Ci	Cep	Ao
1	25/mar	UTI	R	R	R	R	R
2	26/mar	Unité de soins	R	R	R	R	R
3	28/mar	UTI	S	R	S	S	S
4	29/mar	UTI	R	R	S	R	R
5	2/ap	UTI	S	R	S	S	S
6	4/ap	Service de chirurgie	R	S	S	S	S
7	4/ap	UTI	R	R	S	R	R
8	5/ap	UTI	R	R	S	R	R
9	6/ap	Unité de soins	R	S	R	S	S
10	9/ap	UTI	R	S	S	R	R
11	10/ap	UTI	S	R	S	S	S
12	11/ap	UTI	S	S	S	S	S
13	12/ap	UTI	R	R	R	R	R
14	13/ap	Unité de soins	R	S	R	R	R
15	15/ap	UTI	S	R	S	S	S
16	*16/ap*	Infection des lésions	S	S	R	S	S
17	18/ap	RTI	R	R	R	R	R
18	19/ap	UTI	R	R	R	R	R
19	22/ap	UTI	S	S	S	S	S
20	23/ap	RTI	R	R	S	S	S
21	23/ap	Service de chirurgie	R	S	R	R	R
22	25/ap	UTI	S	S	S	S	S
23	25/ap	Service de chirurgie	S	S	S	S	S

24	27/ap	UTI	S	S	R	S	S
25	1/ma	UTI	R	S	R	R	R
26	3/ma	RTI	R	R	R	R	R
27	3/ma	Infection des lésions	R	S	R	R	R
28	5/ma	UTI	R	R	R	R	R
29	6/ma	UTI	R	S	R	R	R
30	7/ma	UTI	S	S	R	S	S
31	9/ma	UTI	S	S	S	S	S
32	9/ma	Unité de soins	S	R	R	S	S
33	10/ma	RTI	R	R	R	R	R
34	11/ma	UTI	R	S	R	R	R
35	11/ma	UTI	S	R	R	S	S
36	14/ma	UTI	S	R	R	S	S
37	15/ma	RTI	S	S	S	S	S
38	18/ma	UTI	S	S	S	S	S
39	18/ma	RTI	R	R	R	R	R
40	22/ma	UTI	R	R	R	R	R
41	24/ma	UTI	R	R	R	R	R
42	26/ma	UTI	S	R	R	S	S
43	27/ma	Infection des lésions	R	S	R	S	S
44	28/ma	RTI	R	R	R	R	R
45	28/ma	UTI	R	R	R	R	R
46	2/jun	RTI	R	R	R	R	R
47	3/jun	UTI	S	R	R	S	S
48	5/jun	Service de chirurgie	S	S	S	S	S
49	7/jun	Unité de soins	S	R	S	S	S
50	10/jun	UTI	R	S	R	R	R
51	12/jun	RTI	R	R	R	R	R
52	13/jun	Infection des lésions	R	R	S	R	R

53	14/jun	UTI	R	R	R	R	R
54	15/jun	Infection des lésions	S	S	S	S	S
55	16/jun	Unité de soins	S	R	S	S	S
56	20/jun	Service de chirurgie	S	S	S	S	S
57	22/jun	UTI	s	s	R	s	s
58	23/jun	Unité de soins	s	s	s	s	s
59	25/jun	UTI	R	R	R	R	R
60	25/jun	UTI	R	s	R	R	R
61	26/jun	Service de chirurgie	R	s	s	s	s
62	28/jun	UTI	s	s	s	s	s
63	29/jun	Service de chirurgie	R	s	s	s	s
64	1/jul	UTI	s	s	s	s	s
65	1/jul	Unité de soins	s	s	s	s	s
66	1/jul	Service de chirurgie	R	R	R	R	R
67	4/jul	UTI	R	s	s	R	R
68	7/jul	UTI	s	s	s	s	s
69	11/jul	UTI	s	s	s	s	s
70	16/jul	UTI	R	s	R	s	s
71	17/jul	RTI	s	s	s	s	s
72	19/jul	UTI	s	s	s	s	s
73	22/jul	UTI	R	1	R	R	R
74	24/jul	Service de chirurgie	R	I	R	R	R
75	25/jul	UTI	s	s	s	s	s
76	27/jul	Unité de soins	s	s	s	s	s
77	29/jul	Unité de soins	R	▪	R	R	R
78	30/jul	UTI	s	s	R	s	s
79	2/aug	RTI	R	R	R	R	R
80	3/aug	UTI	s	s	s	s	s
81	5/aug	Infection des lésions	s	s	s	s	s

82	6/aug	UTI	s	s	s	s	s
83	8/aug	RTI	s	R	R	s	s
84	9/aug	UTI	R	s	R	s	s
85	11/aug	Infection des lésions	R	s	R	s	s
86	14/aug	Unité de soins	s	s	R	R	s
87	17/aug	Service de chirurgie	R	R	R	s	s
88	21/aug	Infection des lésions	R	s	s	s	s
89	24/aug	UTI	R	s	R	s	s
90	25/aug	Service de chirurgie	R	I	R	R	R
91	28/aug	UTI	s	s	s	s	s
92	29/aug	Service de chirurgie	R	s	R	R	R
93	2/sep	RTI	s	s	s	s	s
94	2/sep	UTI		s	s		
95	5/sep	Unité de soins	R	s	R	R	R
96	7/sep	UTI	s	s	s	s	s
97	8/sep	Infection des lésions	R	■	R	R	R
98	11/sep	Unité de soins	s	s	s	s	s
99	12/sep	UTI	R	s	s	s	s
100	16/sep	RTI	R	R	R	R	R
101	21/sep	Unité de soins	R	S	R	R	R
102	21/sep	UTI	S	R	S	S	S
103	21/sep	UTI	S	S	S	S	S
104	22/sep	Service de chirurgie	R	S	S	S	S
105	22/sep	UTI	R	R	S	S	S
106	23/sep	Unité de soins	S	S	S	S	S
107	23/sep	UTI	S	R	S	S	S
108	23/sep	UTI	R	R	R	R	R
109	23/sep	RTI	R	R	S	R	R
110	24/sep	UTI	S	S	S	S	S

111	27/sep	UTI	R	S	R	S	S
112	28/sep	Infection des lésions	S	S	S	S	S
113	29/sep	Infection des lésions	R	R	R	S	S
11 4	30/sep	UTI	S	R	S	S	S
11 5	2/oct	UTI	S	S	S	S	S
11 6	3/oct	RTI	R	R	S	S	S
11 7	4/oct	UTI	S	R	S	S	S
11 8	5/oct	UTI	S	S	S	S	S
11 9	6/oct	UTI	S	R	S	S	S
12 0	7/oct	Unité de soins	R	S	R	R	R
12 1	8/oct	UTI	S	S	S	S	S
12 2	8/oct	Infection des lésions	R	R	R	R	R
12 3	8/oct	UTI	R	R	R	R	R
12 4	10/oct	UTI	R	S	R	R	R
12 5	11/oct	Unité de soins	S	R	R	S	S
12 6	12/oct	UTI	R	S	R	R	R
12 7	13/oct	UTI	R	S	S	S	S
12 8	18/oct	UTI	R	S	R	R	R
12 9	19/oct	Unité de soins	S	S	R	S	S
13 0	19/oct	UTI	S	S	S	S	S
13 1	21/oct	RTI	R	R	R	R	R
13 2	22/oct	UTI	S	S	S	S	S
13 3	22/oct	UTI	R	S	R	R	R
13 4	24/oct	UTI	S	S	S	S	S
13 5	24/oct	Service de chirurgie	R	R	R	S	S
13 6	25/oct	RTI	R	R	R	R	R
13 7	27 /oct	UTI	R	S	R	R	R
13 8	29/oct	UTI	R	S	R	R	R
13 9	1/nov	UTI	R	S	R	R	R

14 0	3/nov	Unité de soins	R	R	R	R	R
141	4/nov	Unité de soins	R	R	S	S	S
14 2	4/nov	UTI	S	S	S	S	S
143	7/nov	Service de chirurgie	S	R	R	S	S
144	8/nov	UTI	S	S	S	S	S
145	10/nov	RTI	R	R	R	S	S
146	12/nov	UTI	R	S	R	R	R
147	15/nov	UTI	R	S	R	R	R
148	16/nov	UTI	R	R	R	R	R
149	16/nov	Service de chirurgie	R	R	R	R	R
150	18/nov	Service de chirurgie	R	S	S	S	S
151	18/nov	UTI	S	R	S	S	S
152	22/nov	Unité de soins	R	S	S	S	S
153	25/nov	RTI	R	R	R	R	R
154	27/nov	UTI	S	R	S	S	S
155	28/nov	Service de chirurgie	S	S	S	S	S
156	29/nov	UTI	R	R	R	R	R
157	30/nov	RTI	R	R	R	R	R
158	4/dec	UTI	R	S	R	R	R
159	5/dec	Infection des lésions	R	S	R	R	R
160	6/dec	UTI	R	S	R	R	R
161	7/dec	RTI	R	S	R	R	R
162	7/dec	RTI	R	S	R	R	R
163	8/dec	UTI	R	S	R	R	R
164	9/dec	UTI	R	R	R	R	R
165	10/dec	RTI	R	R	R	S	S
166	11/dec	Infection des lésions	R	S	S	S	S
167	11/dec	Unité de soins	R	S	S	S	S

168	12/dec	Infection des lésions	S	S	S	S	S
169	12/dec	RTI	S	S	S	S	S
170	12/dec	UTI	R	R	R	R	R
171	13/dec	Service de chirurgie	R	R	R	R	R
172	15/dedc	RTI	R	R	R	R	R
173	17/dec	Unité de soins	R	S	R	R	R
174	19/dec	UTI	S	R	S	S	S
175	21/dec	UTI	R	S	R	R	R
176	21/dec	UTI	S	S	S	S	S
177	22/dec	UTI	R	R	R	R	R
178	22/dec	RTI	R	R	R	R	R
179	23/dec	RTI	R	S	R	R	R
180	24/dec	UTI	R	R	R	R	R
181	25/dec	UTI	R	R	R	R	R
182	26/dec	RTI	R	S	R	R	R
183	26/dec	UTI	S	S	S	S	S
184	26/dec	UTI	R	S	R	R	R
185	27/dec	Unité de soins	R	R	R	S	S
186	27/dec	UTI	R	S	R	R	R
187	28/dec	UTI	R	R	R	R	R
188	29/dec	UTI	R	S	R	R	R
189	29/dec	UTI	S	S	S	S	S
190	2/jan	UTI	S	S	S	S	S
191	3/jan	RTI	R	R	R	R	R
192	3/jan	RTI	S	R	R	R	R
193	4/janvier	Service de chirurgie	R	S	R	R	R
194	4/janvier	UTI	R	S	R	R	R
195	4/janvier	UTI	R	S	R	R	R
196	5/jan	Service de chirurgie	R	S	R	R	R

197	6/janvier	Unité de soins	S	R	S	S	S
198	7/janvier	RTI	R	R	R	R	R
199	7/janvier	UTI	R	S	R	R	R
200	7/janvier	UTI	S	S	S	S	S
201	8/jan	UTI	S	S	S	S	S
202	9/janvier	UTI	S	S	S	S	S
203	9/janvier	RTI	S	R	S	R	R
204	10/janvier	UTI	R	S	R	R	R
205	12/j an	RTI	R	R	R	R	R
206	13/janvier	UTI	R	S	R	R	R
207	14/jan	Unité de soins intensifs	S	S	S	S	S
208	14/jan	Unité de soins intensifs	S	S	S	S	S
209	15/j an	UTI	R	R	R	R	R
210	15/j an	UTI	R	R	R	R	R
211	15/j an	Service de chirurgie	R	S	S	S	S
212	16/j an	UTI	S	S	S	S	S
213	16/j an	RTI	R	R	R	R	R
214	16/j an	RTI	R	R	R	R	R
215	16/j an	UTI	R	R	R	R	R
216	16/j an	UTI	R	S	R	S	S
217	17/janvier	UTI	S	S	S	S	S
218	18/janvier	UTI	R	R	R	R	R
219	19/janvier	UTI	R	R	R	R	R
220	19/janvier	UTI	S	S	S	S	S
221	19/janvier	Service de chirurgie	R	R	R	R	R
222	21/jan	RTI	R	S	R	R	R
223	21/jan	Unité de soins	R	R	R	R	R
224	22/j an	Infection des lésions	R	S	R	R	R

225	23/janvier	UTI	R	S	R	R	R
226	24/jan	Service de chirurgie	R	S	S	S	S
227	25/janvier	UTI	R	R	R	R	R
228	25/janvier	Unité de soins	R	R	R	R	R
229	26/j an	Service de chirurgie	R	R	R	R	R
230	26/j an	UTI	R	R	R	R	R
231	27/janvier	RTI	R	R	R	R	R
232	27/janvier	RTI	R	R	S	S	S
233	29/janvier	RTI	R	S	R	R	R
234	1/feb	RTI	R	R	R	R	R
235	1/feb	UTI	R	R	R	R	R
236	2/feb	RTI	R	S	R	R	R
237	3/feb	RTI	S	R	S	S	S
238	5/feb	UTI	R	S	R	S	S
239	6/feb	UTI	R	R	R	R	R
240	7/fév	Unité de soins	R	S	R	R	R
241	8/feb	UTI	R	S	R	S	S
242	10/feb	Infection des lésions	R	S	R	S	S
243	10/feb	RTI	R	R	R	R	R
244	10/feb	RTI	R	R	R	R	R
245	11/feb	Service de chirurgie	R	R	S	S	S
246	12/feb	UTI	R	R	R	R	R
247	12/feb	Unité de soins intensifs	R	S	R	R	R
248	12/feb	Unité de soins intensifs	R	S	R	R	R
249	14/feb	Infection des lésions	R	S	S	S	S
250	15/fév	Service de chirurgie	R	R	R	S	S
251	16/feb	Infection des lésions	R	R	R	R	R
252	18/feb	UTI	R	R	R	R	R

253	20/feb	Infection des lésions	R	R	R	R	R
254	22/feb	Infection des lésions	R	S	S	S	S
255	22/feb	UTI	S	S	S	S	S
256	26/feb	UTI	R	S	R	R	R
257	4/mar	UTI	R	R	R	R	R
258	5/mar	RTI	R	R	R	R	R
259	6/mar	UTI	R	R	R	R	R
260	6/mar	RTI	R	R	S	S	S
261	8/mar	Infection des lésions	S	S	S	S	S
262	10/mar	Infection des lésions	R	R	S	S	S
263	10/Mar	UTI	R	R	R	R	R
264	12/mar	RTI	R	R	R	R	R
265	18/mar	RTI	R	R	R	R	R

ANNEXE 9

Hôpital Milad	Données	Unite	Ca c	Ce c	Cep c	A k	Cf.	C o	I	SH V	TE M	CT X-M
1	25/mar	UTI	R	S	R	S	S	R	S			
2	26/mar	Unité de soins	R	R	R	R	R	R	S			
4	29/mar	UTI	R	S	R	S	S	S	S			
7	4/ap	UTI	R	R	R	R	R	R	S			
8	5/ap	UTI	R	S	R	S	S	S	S			
10	9/ap	UTI	R	S	R	S	S	S	S			
13	12/ap	UTI	R	S	R	S	S	S	S			
14	13/ap	Unité de soins	R	**S**	R	S	S	S	S			
17	18/ap	RTI	R	R	R	R	R	R	S			
18	19/ap	UTI	R	S	R	S	S	S	S			
21	23/ap	Service de	R	S	R	S	S	S	S			

25	1/ma	UTI	S	S	R	S	S	S	S			
26	3/ma	RTI	R	S	R	R	S	R	S			
27	3/ma	Infection des lésions	R	S	R	S	S	S	S			
28	5/ma	UTI	R	R	R	R	R	R	S			
29	6/ma	UTI	R	S	R	S	S	R	S			
33	10/ma	RTI	S	R	R	S	S	S	S			
34	11/ma	UTI	R	S	R	S	S	S	S			
39	18/ma	RTI	R	S	R	S	S	S	S			
40	22/ma	UTI	R	S	R	S	S	S	S			
41	24/ma	UTI	R	S	R	S	S	S	S			
44	28/ma	RTI	R	S	R	S	S	S	S			
45	28/ma	UTI	R	R	R	R	R	R	S			
46	2/jun	RTI	R	S	R	S	S	S	S			
50	10/jun	UTI	R	S	R	R	S	S	S			
51	12/jun	RTI	R	R	R	R	R	R	S			
52	13/jun	Infection des lésions	R	R	R	R	S	R	S			
53	14/jun	UTI	R	R	R	R	R	R	S			
59	25/jun	UTI	R	R	R	R	R	R	S			
60	25/jun	UTI	R	S	R	S	S	S	S			
66	1/jul	Service de	R	S	R	S	S	S	S			
67	4/jul	UTI	R	S	R	S	S	S	S			
73	22/jul	UTI	R	R	R	R		R	S			
74	24/jul	Service de	R	S	R	S	S	R	S			
77	29/jul	Unité de soins	S	R	R	S	S	S	S			
79	2/aug	RTI	R	S	R	S	S	S	S			
90	25/aug	Service de	R	R	R	R	S	R	S			
92	29/aug	Service de	R	S	R	S	S	S	S			
94	2/sep	UTI	R	S	R	S	S	S	S			

95	5/sep	Unité de soins	R	S	R	S	S	S	S			
97	8/sep	Infection des lésions	R	S	R	S	S	S	S			
100	16/sep	RTI	R	R	R	R	R	R	S			
101	21/sep	Unité de soins	R	s	R	S	s	S	s			
108	23/sep	UTI	R	s	R	s	s	S	s			
109	23/sep	RTI	R	s	R	s	s	S	s			
12 0	7/oct	Unité de soins	R	s	R	s	s	S	s			
12 2	8/oct	Infection des lésions	R	R	R	R	s	R	s			
12 3	8/oct	UTI	s	R	R	R	R	R	s			
12 4	10/oct	UTI	R	s	R	s	s	S	s			
12 6	12/oct	UTI	R	s	R	s	s	R	s			
12 8	18/oct	UTI	R	s	R	s	s	S	s			
13 1	21/oct	RTI	R	s	R	s	s	R	s			
13 3	22/oct	UTI	R	s	R	s	s	R	s			
13 6	25/oct	RTI	R	s	R	s	s	S	s			
13 7	27 /oct	UTI	R	s	R	s	s	S	s			
13 8	29/oct	UTI	R	s	R	R	R	R	s			
13 9	1/nov	UTI	R	s	R	R	s	R	s			
14 0	3/nov	Unité de soins	s	R	R	R	R	R	s			
146	12/nov	UTI	R	s	R	R	R	R	s			
147	15/nov	UTI	R	s	R	S	s	S	s			
148	16/nov	UTI	R	s	R	S	s	S	s			
149	16/nov	Service de	R	R	R	R	R	R	s			
153	25/nov	RTI	R	s	R	S	s	S	s			
156	29/nov	UTI	s	R	R	S	s	S	s			
157	30/nov	RTI	R	R	R	R	s	S	s			
158	4/dec	UTI	R	S	R	S	s	S	s			
159	5/dec	Infection des lésions	R	S	R	S	s	S	s			

		n										
160	6/dec	UTI	R	S	R	S	s	R	s			
161	7/dec	RTI	R	S	R	S	s	S	s			
162	7/dec	RTI	R	S	R	S	s	S	s			
163	8/dec	UTI	R	S	R	R	R	R	s			
164	9/dec	UTI	R	S	R	S	s	S	s			
170	12/dec	UTI	R	R	R	R	R	R	s			
171	13/dec	Service de	R	S	R	S	s	S	s			
172	15/dedc	RTI	R	R	R	R	R	R	s			
173	17/dec	Unité de soins	R	S	R	S	s	S	s			
175	21/dec	UTI	R	S	R	S	S	S	S			
177	22/dec	UTI	R	S	R	R	S	S	S			
178	22/dec	RTI	R	S	R	S	S	S	S			
179	23/dec	RTI	R	S	R	S	S	S	S			
180	24/dec	UTI	R	S	R	S	S	R	S			
181	25/dec	UTI	S	R	R	S	S	S	S			
182	26/dec	RTI	R	S	R	S	S	S	S			
184	26/dec	UTI	R	S	R	S	S	R	S			
186	27/dec	UTI	R	S	R	S	S	S	S			
187	28/dec	UTI	R	R	R	S	S	R	S			
188	29/dec	UTI	S	S	R	S	s	S	S			
191	3/jan	RTI	R	R	R	S	S	S	S			
192	3/jan	RTI	S	S	S	S	S	S	S			
193	4/janvier	Service de	R	S	R	S	S	S	S			
194	4/janvier	UTI	R	S	R	R	S	R	S			
195	4/janvier	UTI	R	S	R	S	S	S	S			
196	5/jan	Service de	R	S	R	S	S	R	S			
198	7/janvier	RTI	R	S	R	S	S	S	S			
199	7/janvier	UTI	R	S	R	R	S	R	S			

203	9/janvier	RTI	S	R	R	S	S	R	S			
204	10/janvier	UTI	R	S	R	S	S	S	S			
205	12/j an	RTI	R	S	R	R	S	S	S			
206	13/janvier	UTI	S	S	R	S	S	S	S			
209	15/j an	UTI	R	S	R	R	R	R	S			
210	15/j an	UTI	R	R	R	R	R	R	S			
213	16/j an	RTI	R	S	R	S	S	R	S			
214	16/j an	RTI	R	S	R	R	S	R	S			
215	16/j an	UTI	R	S	R	S	S	S	S			
218	18/janvier	UTI	R	R	R	R	R	R	S			
219	19/janvier	UTI	R	S	R	S	S	S	S			
221	19/janvier	Service de	R	S	R	R	S	S	S			
222	21/jan	RTI	R	S	R	S	S	S	S			
223	21/jan	Unité de soins	R	R	R	S	S	S	S			
224	22/j an	Infection des lésions	R	S	R	R	S	R	S			
225	23/janvier	UTI	R	S	R	S	S	R	S			
227	25/janvier	UTI	S	R	R	S	S	S	S			
228	25/janvier	Unité de soins	R	R	R	R	S	R	S			
229	26/j an	Service de	R	R	R	R	R	R	S			
230	26/j an	UTI	S	R	R	S	S	S	S			
231	27/janvier	RTI	R	R	R	R	R	R	S			
233	29/janvier	RTI	R	S	R	S	S	S	S			
234	1/feb	RTI	R	R	R	R	S	R	S			
235	1/feb	UTI	R	S	R	R	R	R	S			
236	2/feb	RTI	S	S	R	S	S	S	S			
239	6/feb	UTI	R	S	R	R	R	R	S			
240	7/fév	Unité de soins	R	S	R	S	S	S	S			
243	10/feb	RTI	R	S	R	S	S	S	S			

244	10/feb	RTI	S	R	R	R	R	R	S			
246	12/feb	UTI	S	R	R	S	S	S	S			
247	12/feb	Unité de soins intensifs	R	S	R	S	S	R	S			
248	12/feb	Unité de soins intensifs	R	S	R	R	R	R	S			
251	16/feb	Infection des lésions	R	R	R	S	S	S	S			
252	18/feb	UTI	S	R	R	S	S	S	S			
253	20/feb	Infection des lésions	R	R	R	S	S	S	S			
256	26/feb	UTI	R		R	S	S	S	S			
257	4/mar	UTI	S	R	R	S	S	S	S			
258	5/mar	RTI	R	S	R	S	S	S	S			
259	6/mar	UTI	R	S	R	S	S	S	S			
263	10/Mar	UTI	R	S	R	R	R	R	S			
264	12/mar	RTI	R	R	R	R	R	R	S			
265	18/mar	RTI	R	R	R	R	R	R	S			

ANNEXE 10

Analyse SPSS des blagènes et de la résistance antimicrobienne à l'hôpital Milad
(K.oxytoca)

Analyse des fréquences

Ca

	Fréquence	Pourcentage	Pourcentage valable	Pourcentage cumulé
Valable R	13	86.7	86.7	86.7
S	2	13.3	13.3	100.0
Total	15	100.0	100.0	

Ce

	Fréquence	Pourcentage	Pourcentage valable	Pourcentage cumulé
Valable R	3	20.0	20.0	20.0
S	12	80.0	80.0	100.0
Total	15	100.0	100.0	

Ci

	Fréquence	Pourcentage	Pourcentage valable	Pourcentage cumulé
Valable R	12	80.0	80.0	80.0
S	3	20.0	20.0	100.0
Total	15	100.0	100.0	

Cep

	Fréquence	Pourcentage	Pourcentage valable	Pourcentage cumulé
Valable R	11	73.3	73.3	73.3
S	4	26.7	26.7	100.0
Total	15	100.0	100.0	

Ao

	Fréquence	Pourcentage	Pourcentage valable	Pourcentage cumulé
Valable R	11	73.3	73.3	73.3
S	4	26.7	26.7	100.0
Total	15	100.0	100.0	

Cac

		Fréquence	Pourcentage	Pourcentage valable	Pourcentage cumulé
Valid	R	11	73.3	100.0	100.0
Système manquant		4	26.7		
Total		15	100.0		

Cec

		Fréquence	Pourcentage	Pourcentage valable	Pourcentage cumulé
Valid	S	11	73.3	100.0	100.0
Système manquant		4	26.7		
Total		15	100.0		

Cepc

		Fréquence	Pourcentage	Pourcentage valable	Pourcentage cumulé
Valid	R	11	73.3	100.0	100.0
Système manquant		4	26.7		
Total		15	100.0		

Ak

		Fréquence	Pourcentage	Pourcentage valable	Pourcentage cumulé
Valid	R	2	13.3	18.2	18.2
	S	9	60.0	81.8	100.0
	Total	11	73.3	100.0	
Système manquant		4	26.7		
Total		15	100.0		

Cf.

		Fréquence	Pourcentage	Pourcentage valable	Pourcentage cumulé
Valid	R	1	6.7	9.1	9.1
	S	10	66.7	90.9	100.0
	Total	11	73.3	100.0	
Système manquant		4	26.7		
Total		15	100.0		

Co

		Fréquence	Pourcentage	Pourcentage valable	Pourcentage cumulé
Valid	R	5	33.3	45.5	45.5
	S	6	40.0	54.5	100.0
	Total	11	73.3	100.0	
Système manquant		4	26.7		
Total		15	100.0		

I

		Fréquence	Pourcentage	Pourcentage valable	Pourcentage cumulé
Valid	S	11	73.3	100.0	100.0
Système manquant		4	26.7		
Total		15	100.0		

blaSHV

		Fréquence	Pourcentage	Pourcentage valable	Pourcentage cumulé
Valid	Positif	11	73.3	100.0	100.0
Système manquant		4	26.7		
Total		15	100.0		

ANNEXE 11

ÉTAPE DE DÉPISTAGE DE L'HÔPITAL DE MILAD *(K.oxytoca)*

Hôpital Milad	données	Unite	Ca	Ce	Ci	Cep	Ao
1	29/sep	RTI	R	S	R	R	R
2	10/nov	Infection des lésions	R	S	R	R	R
3	7/dec	RTI	R	S	R	R	R
4	3/jan	Service de chirurgie	R	R	R	R	R
5	14/jan	RTI	R	S	S	S	S
6	18/janvier	Service de chirurgie	R	R	R	R	R
7	1/feb	RTI	R	S	R	R	R
8	12/feb	RTI	R	S	R	R	R
9	20/feb	RTI	S	S	S	S	S
10	23/feb	RTI	R	S	R	R	R
11	25/fév	RTI	R	R	R	S	S
12	27/fév	RTI	R	S	R	R	R
13	27/fév	RTI	S	S	S	S	S
14	27/fév	RTI	R	S	R	R	R
15	6/mar	RTI	R	S	R	R	R

ANNEXE 12

Stade de confirmation de l'hôpital Milad *(K.oxytoca)*

Hôpital Milad	données	Unite	Cac	Cec	Cepc	Ak	Cf.	Co	I	SHV	TEM	CTX-M
1	29/sep	RTI	R	S	R	R	S	R	S			
2	10/nov	Infection des lésions	R	S	R	S	S	S	S			
3	7/dec	RTI	R	S	R	S	S	S	S			
4	3/jan	Service de chirurgie	R	S	R	S	S	R	S			
6	18/janvier	Chirurgie	R	S	R	S	S	S	S			

		ward										
7	1/feb	RTI	R	S	R	S	S	R	S			
8	12/feb	RTI	R	S	R	R	S	R	S			
10	23/feb	RTI	R	S	R	S	R	S	S			
12	27/fév	RTI	R	S	R	S	S	S	S			
14	27/fév	RTI	R	S	R	S	S	R	S			
15	6/mar	RTI	R	S	R	S	S	S	S			

ANNEXE 13

Analyse SPSS des gènes bla et de la résistance antimicrobienne à l'hôpital Emam Reza
(K.pneumoniae)
Analyse des fréquences

CA

	Fréquence	Pourcentage	Pourcentage valable	Pourcentage cumulé
Valid R	59	56.7	57.3	57.3
S	44	42.3	42.7	100.0
Total	103	99.0	100.0	
Système manquant	1	1.0		
Total	104	100.0		

CE

	Fréquence	Pourcentage	Pourcentage valable	Pourcentage cumulé
Valid R	40	38.5	38.8	38.8
S	63	60.6	61.2	100.0
Total	103	99.0	100.0	
Système manquant	1	1.0		
Total	104	100.0		

CI

	Fréquence	Pourcentage	Pourcentage valable	Pourcentage cumulé
Valid R	64	61.5	62.1	62.1
S	39	37.5	37.9	100.0
Total	103	99.0	100.0	
Système manquant	1	1.0		
Total	104	100.0		

CEP

	Fréquence	Pourcentage	Pourcentage valable	Pourcentage cumulé
Valid R	47	45.2	45.6	45.6
S	56	53.8	54.4	100.0
Total	103	99.0	100.0	
Système manquant	1	1.0		
Total	104	100.0		

AO

	Fréquence	Pourcentage	Pourcentage valable	Pourcentage cumulé
Valid R	45	43.3	43.7	43.7
S	58	55.8	56.3	100.0
Total	103	99.0	100.0	
Système manquant	1	1.0		
Total	104	100.0		

CAC

	Fréquence	Pourcentage	Pourcentage valable	Pourcentage cumulé
Valid R	42	40.4	93.3	93.3
S	3	2.9	6.7	100.0
Total	45	43.3	100.0	
Système manquant	59	56.7		
Total	104	100.0		

CEC

	Fréquence	Pourcentage	Pourcentage valable	Pourcentage cumulé
Valid R	8	7.7	17.8	17.8
S	37	35.6	82.2	100.0
Total	45	43.3	100.0	
Système manquant	59	56.7		
Total	104	100.0		

CEPC

	Fréquence	Pourcentage	Pourcentage valable	Pourcentage cumulé
Valid R	45	43.3	100.0	100.0
Système manquant	59	56.7		
Total	104	100.0		

AK

		Fréquence	Pourcentage	Pourcentage valable	Pourcentage cumulé
Valid	R	12	11.5	26.7	26.7
	S	33	31.7	73.3	100.0
	Total	45	43.3	100.0	
Système manquant		59	56.7		
Total		104	100.0		

CF

		Fréquence	Pourcentage	Pourcentage valable	Pourcentage cumulé
Valid	R	3	2.9	6.7	6.7
	S	42	40.4	93.3	100.0
	Total	45	43.3	100.0	
Système manquant		59	56.7		
Total		104	100.0		

CO

		Fréquence	Pourcentage	Pourcentage valable	Pourcentage cumulé
Valid	R	9	8.7	20.0	20.0
	S	36	34.6	80.0	100.0
	Total	45	43.3	100.0	
Système manquant		59	56.7		
Total		104	100.0		

I

		Fréquence	Pourcentage	Pourcentage valable	Pourcentage cumulé
Valid	R	1	1.0	2.2	2.2
	S	44	42.3	97.8	100.0
	Total	45	43.3	100.0	
Système manquant		59	56.7		
Total		104	100.0		

blaSHV

		Fréquence	Pourcentage	Pourcentage valable	Pourcentage cumulé
Valid	Positif	39	37.5	86.7	86.7
	négatif	6	5.8	13.3	100.0
	Total	45	43.3	100.0	
Système manquant		59	56.7		
Total		104	100.0		

blaTEM

		Fréquence	Pourcentage	Pourcentage valable	Pourcentage cumulé
Valid	positive	7	6.7	15.6	15.6
	négatif	38	36.5	84.4	100.0
	Total	45	43.3	100.0	
Système manquant		59	56.7		
Total		104	100.0		

blactx

		Fréquence	Pourcentage	Pourcentage valable	Pourcentage cumulé
Valid	positive	7	6.7	15.6	15.6
	négatif	38	36.5	84.4	100.0
	Total	45	43.3	100.0	
Système manquant		59	56.7		
Total		104	100.0		

gened

		Fréquence	Pourcentage	Pourcentage valable	Pourcentage cumulé
Valid	shv,tem	1	1.0	14.3	14.3
	shv,ctxm	5	4.8	71.4	85.7
	shv,tem,ctx-m	1	1.0	14.3	100.0
	Total	7	6.7	100.0	
Système manquant		97	93.3		
Total		104	100.0		

ANNEXE 14

Données sur le stade de dépistage à l'hôpital Emam Reza *(K.pneumoniae)*

Tabriz hôpital	données	Unite	Ca	Ce	Ci	Cep	Ao
1	23/mar	UTI	S	S	S	S	S
2	28/mar	Unité de soins	S	S	R	R	S
3	28/mar	Service de chirurgie	S	S	S	S	S
4	1/ap	RTI	S	R	R	S	S
5	2/ap	UTI	R	S	R	R	R
6	5/ap	Unité de soins	R	R	R	R	R

7	6/ap	Infection des lésions	S	S	S	S	S
8	10/ap	RTI	S	R	R	R	S
9	14/ap	RTI	R	R	R	R	R
10	18/ap	RTI	S	R	R	S	S
11	20/ap	Infection des lésions	R	S	R	R	R
12	2/ma	RTI	S	S	S	S	S
13	8/ma	Service de chirurgie	S	S	S	S	S
14	12/ma	RTI	R	R	R	R	R
15	19/ma	RTI	R	R	R	R	R
16	26/ma	UTI	R	S	S	S	S
17	2/ju	Infection des lésions	S	S	S	S	S
18	9/ju	Unité de soins	S	S	S	S	S
19	10/ju	UTI	S	S	S	S	S
20	14/ju	Infection des lésions	S	S	S	S	S
21	17/ju	UTI	S	S	R	S	S
22	18/ju	RTI	R	S	R	R	R
23	24/jul	Infection des lésions	R	S	S	S	S
24	29/jul	UTI	R	S	S	S	S
25	1/aug	Service de chirurgie	R	S	R	S	S
26	5/aug	RTI	S	S	S	S	S
27	10aug	Infection des lésions	S	S	S	S	S
28	12/aug	Unité de soins	I	S	R	R	R
29	14/aug	RTI	S	S	S	S	S
30	14/aug	Service de chirurgie	S	S	S	S	S
31	20/aug	Infection des lésions	S	S	S	S	S
32	27/aug	RTI	R	S	R	S	S
33	2/sep	RTI	S	S	S	S	S
34	4/sep	Unité de soins	R	S	S	S	S
35	6/sepl	RTI	■	R	R	R	R

36	6/sep	UTI	S	S	S	S	S
37	10/sep	Service de chirurgie	I	I	I	I	I
38	18/sep	Unité de soins	S	S	S	S	S
39	21/se	Unité de soins	S	S	I	S	S
40	25/se	UTI	I	I	I	I	I
41	30/se	UTI	S	S	S	S	S
42	2/oct	UTI	I	I	I	I	I
43	3/oct	UTI	S	S	S	S	S
44	7/oct	UTI	S	I	S	S	S
45	9/oct	UTI	I	S	I	I	I
46	10/oct	Unité de soins	I	I	I	I	I
47	12/oct	UTI	S	I	S	S	S
48	16/oct	RTI	I	I	I	I	I
49	18/oct	Infection des lésions	I	S	S	S	S
50	25/oct	UTI	I	S	I	I	I
51	27 /oct	UTI	I	I	I	I	I
52	1/nov	Service de chirurgie	S	S	S	S	S
53	2/nov	UTI	I	I	I	I	I
54	5/nov	RTI	I	S	I	I	I
55	10/nov	RTI	S	I	S	S	S
56	12/nov	UTI	S	I	S	S	S
57	16/nov	UTI	I	S	I	I	I
58	18/nov	UTI	S	I	S	S	S
59	22/nov	RTI	I	S	I	I	I
60	26/nov	UTI	S	S	S	S	S
61	27/nov	RTI	S	I	I	S	S
62	4/dec	UTI	I	I	I	I	I
63	5/dec	UTI	I	I	I	I	I
64	6/dec	UTI	S	I	S	S	S

65	7/dec	Infection des lésions	S	S	S	S	S
66	10/dec	UTI	S	R	R	S	S
67	16/dec	UTI	S	S	S	S	S
68	18/dec	UTI	S	R	S	S	S
69	22/dec	Unité de soins	S	R	R	S	S
70	25/dec	UTI	R	R	R	R	R
71	2/jan	UTI	R	S	R	R	R
72	5/jan	Unité de soins	R	R	R	R	R
73	9/janvier	Unité de soins	R	S	R	R	R
74	12/j an	UTI	R	R	R	S	S
75	16/j an	UTI	R	R	R	R	R
76	18/janvier	UTI	R	S	R	R	R
77	20/j an	Unité de soins	R	S	R	R	R
78	22/j an	UTI	S	S	S	S	S
79	25/janvier	Unité de soins	R	S	R	R	R
80	2/feb	Service de chirurgie	R	S	R	S	S
81	4/feb	UTI	S	R	R	S	S
82	7/fév	RTI	R	S	R	R	R
83	8/feb	UTI	R	R	R	R	R
84	8/feb	UTI	R	S	R	R	R
85	9/fév	UTI	R	R	R	R	R
86	10/feb	Service de chirurgie	R	R	R	R	R
87	12/feb	UTI	R	R	R	S	S
88	14/feb	RTI	R	S	R	R	R
89	16/feb	RTI	R	S	R	S	S
90	20/feb	UTI	R	S	R	R	R
91	20/feb	Infection des lésions	R	R	R	R	R
92	22/feb	UTI	R	S	S	S	S
93	24/feb	Unité de soins	S	R	S	S	S

94	25/fév	RTI	R	S	R	R	R
95	26/feb	UTI	R	S	R	S	S
96	26/feb	UTI	S	S	R	S	S
97	27/fév	UTI	R	R	R	R	R
98	29/feb	UTI	R	R	R	R	R
99	1/mar	UTI	R	S	R	R	R
100	2/mar	Infection des lésions	R	S	S	S	S
101	8/mar	RTI	R	S	R	R	R
102	9/mar	Infection des lésions	S	S	R	S	S
103	9/mar	RTI	R	S	R	R	R

ANNEXE 15

Données de confirmation du stade et de la résistance aux antibiotiques non bêta-lactamines à l'hôpital Milad *(K.pneumoniae)*

TABRIZ hôpital	données	Unite	Cac	Cec	Cepc	Ak	Cf.	Co	I	SHV	TEM	CTX-M
5	2/ap	UTI	R	S	R	S	S	S	S			
6	5/ap	Unité de soins	R	S	R	S	S	S	S			
9	14/ap	RTI	R	R	R	R	S	R	S			
11	20/ap	Infection des lésions	R	S	R	S	S	S	S			
14	12/ma	RTI	R	S	R	S	S	S	S			
15	19/ma	RTI	R	S	R	S	S	S	S			
22	18/ju	RTI	R	S	R	S	S	S	S			
28	12/aug	Unité de soins	R	R	R	S	S	S	S			
35	6/sepl	RTI	R	S	R	S	S	S	S			
37	10/sep	Service de chirurgie	R	R	R	S	S	R	S			
40	25/se	UTI	R	S	R	S	S	S	S			
42	2/oct	UTI	R	S	R	R	S	S	S			
45	9/oct	UTI	R	S	R	S	S	S	S			

46	10/oct	Unité de soins	R	S	R	R	S	S	S			
48	16/oct	RTI	R	S	R	R	R	R	S			
50	25/oct	UTI	S	S	R	S	S	S	S			
51	27 /oct	UTI	R	R	R	R	S	R	S			
53	2/nov	UTI	R	S	R	S	S	S	S			
54	5/nov	RTI	R	S	R	S	S	S	S			
57	16/nov	UTI	R	S	R	S	S	S	S			
59	22/nov	RTI	R	S	R	S	S	S	S			
62	4/dec	UTI	R	S	R	R	S	R	S			
63	5/dec	UTI	R	S	R	S	S	S	S			
70	25/dec	UTI	R	R	R	S	S	S	S			
71	2/jan	UTI	R	S	R	S	S	S	S			
72	5/jan	Unité de soins	R	S	R	S	S	R	S			
73	9/janvier	Unité de soins	R	S	R	S	S	S	S			
75	16/j an	UTI	R	R	R	R	S	R	S			
76	18/janvier	UTI	R	S	R	R	S	S	S			
77	20/j an	Unité de soins	R	S	R	S	S	S	S			
79	25/janvier	Unité de soins	R	S	R	S	S	S	S			
82	7/fév	RTI	R	S	R	S	S	S	S			
83	8/feb	UTI	R	R	R	R	R	R	S			
84	8/feb	UTI	R	S	R	S	S	S	S			
85	9/fév	UTI	R	S	R	S	S	S	S			
86	10/feb	Service de chirurgie	R	S	R	S	S	S	S			
88	14/feb	RTI	R	S	R	S	S	S	S			
90	20/feb	UTI	R	S	R	R	S	S	S			
91	20/feb	Infection des lésions	R	S	R	S	S	S	S			
94	25/fév	RTI	R	S	R	S	S	S	S			
97	27/fév	UTI	S	S	R	S	S	S	S			
98	29/feb	UTI	S	S	R	S	S	S	S			

99	1/mar	UTI	R	S	R	S	S	S	S			
101	8/mar	RTI	R	S	R	S	S	S	S			
103	9/mar	RTI	R	S	R	R	S	R	S			

ANNEXE 16

Fréquence du blaSHV et de la résistance aux antimicrobiens chez le *K.oxytoca à l'*hôpital Emam Reza

CA

	Fréquence	Pourcenta ge	Pourcentage valable	Pourcentage cumulé
Valable R	3	75.0	75.0	75.0
S	1	25.0	25.0	100.0
Total	4	100.0	100.0	

CE

	Fréquence	Pourcenta	Pourcentage	Cumulatif Pourcentage
Valable R	2	50.0	50.0	50.0
S	2	50.0	50.0	100.0
Total	4	100.0	100.0	

CI

	Fréquence	Pourcenta	Pourcentage	Cumulatif Pourcentage
Valable R	3	75.0	75.0	75.0
S	1	25.0	25.0	100.0
Total	4	100.0	100.0	

CEP

	Fréquence	Pourcenta	Pourcentage	Cumulatif Pourcentage
Valable R	3	75.0	75.0	75.0
S	1	25.0	25.0	100.0
Total	4	100.0	100.0	

AO

	Fréquence	Pourcenta	Pourcentage	Cumulatif Pourcentage
Valable R	3	75.0	75.0	75.0
S	1	25.0	25.0	100.0
Total	4	100.0	100.0	

Cac

	Fréquence	Pourcentage	Pourcentage valable	Pourcentage cumulé
Valid R	3	75.0	100.0	100.0
Système manquant	1	25.0		
Total	4	100.0		

Cec

	Fréquence	Pourcentage	Pourcentage valable	Pourcentage cumulé
Valid S	3	75.0	100.0	100.0
Système manquant	1	25.0		
Total	4	100.0		

Cepc

	Fréquence	Pourcentage	Pourcentage valable	Pourcentage cumulé
Valid R	3	75.0	100.0	100.0
Système manquant	1	25.0		
Total	4	100.0		

blaSHV

	Fréquence	Pourcentage	Pourcentage valable	Pourcentage cumulé
Valid positive	3	75.0	100.0	100.0
Système manquant	1	25.0		
Total	4	100.0		

ANNEXE 17
Données sur le stade de dépistage à l'hôpital Emam Reza *(K.oxytoca)*

Hôpital de Tabriz	données	Unite	Ca	Ce	Ci	Cep	Ao
1	26/se	CHIRURGIE WARD	R	S	R	R	R
2	6/oct	RTI	R	R	R	R	R
3	16/j an	RTI	R	R	R	R	R
4	8/feb	RTI	S	S	S	S	S

ANNEXE 18

Données de confirmation du stade et de la présence d'antibiotiques et de blagènes non bêta-lactamines à l'hôpital Emam reza *(K.oxytoca)*

Tabriz	données	Unite	Ca c	Ce c	Cep c	A k	C f	C o	I	SH V	TE M	CT X-M
1	26/s e	SURGERY WARD	R	S	R	S	S	S	S		-	-
2	6/oct	RTI	R	S	R	S	S	S	S			-
3	16/jan	RTI	R	S	R	S	S	S	S		-	-

Liste des abréviations :

ESBL= Bêta-lactamases à spectre étendu

K. pneumoniae=Klebsiella pneumoniae

Klebsiella spp= espèce *Klebsiella*

UTI = infection du tractus urinaire

IRT = infection des voies respiratoires

K.oxytoca= Klebsiella oxytoca

Imipenem= I

Ciprofloxacine=Cf

Amikacin=Ak

Cotrimoxazol=Co

Ceftazidim=Ca

Céfotaxime=Ce

Cefteriaxon=Ci

Cefpodoxim=Cep

Aztreonam=Ao

ceftazidime/clavulanic=Cac

céfotaxime /clavulanique= Cec

cefpodoxim /acide clavulanique=Cepc

K.pneumoniae produisant ESBL=KPPE

K.pneumoniae suspecté de produire l'ESBL= KSPE

K.oxytoca produisant ESBL= KOPE

K.oxytoca suspecté de produire l'ESBL= KOSPE

Printed by Books on Demand GmbH, Norderstedt / Germany